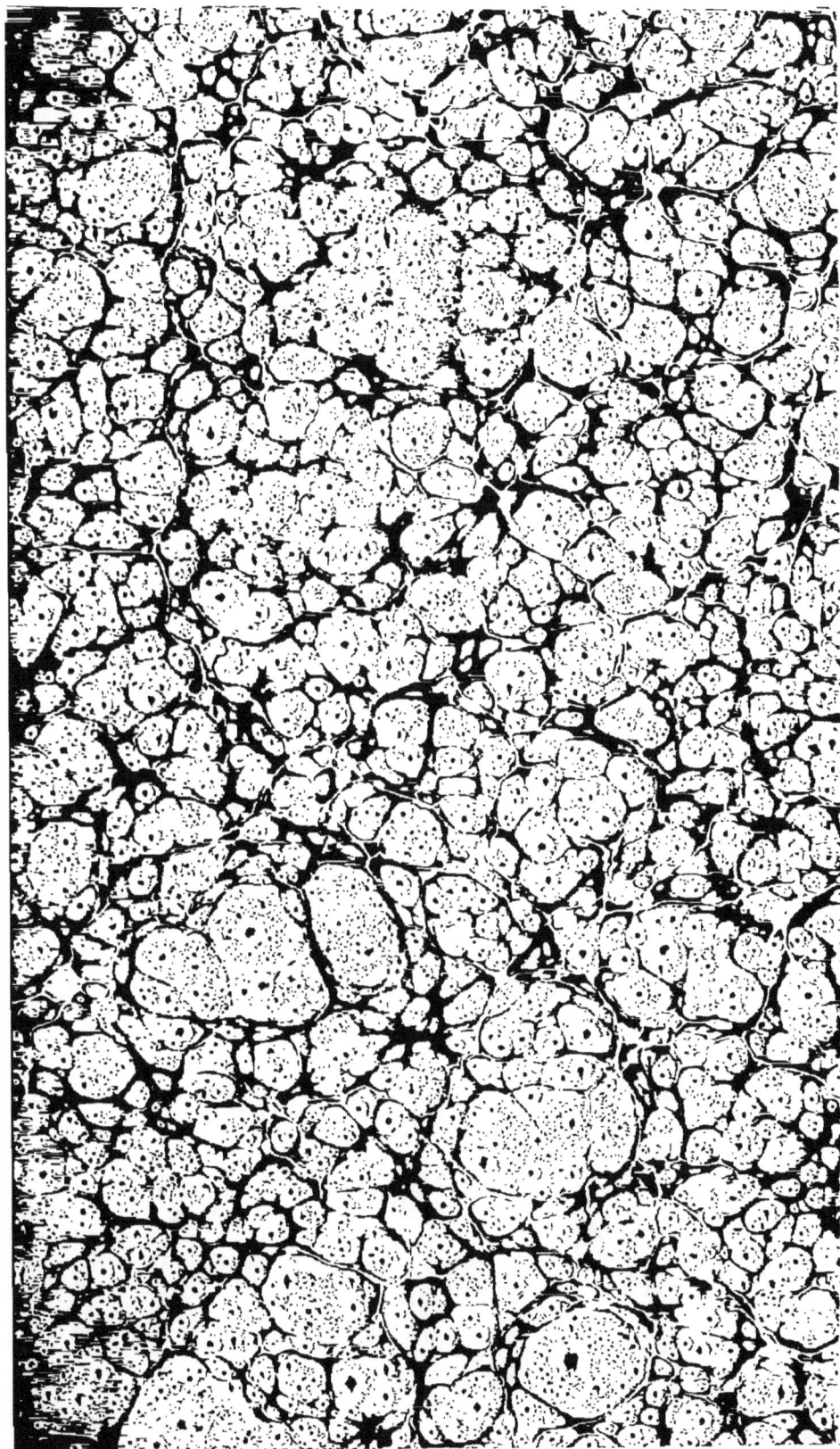

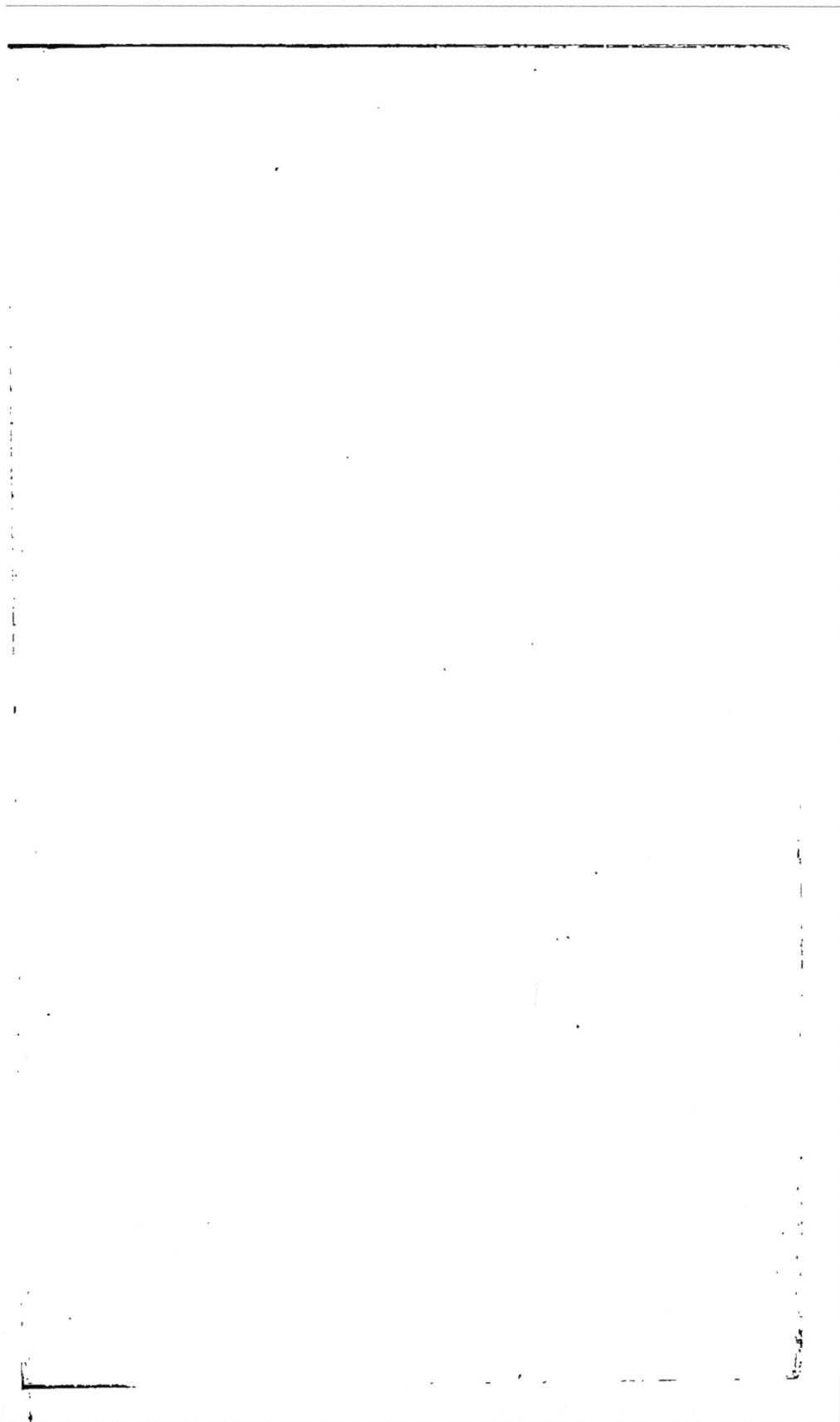

30194

ESSAI

D'UN COURS ÉLÉMENTAIRE

D'OPTIQUE.

IMPRIMERIE D'AUCHER-ÉLOY, A BLOIS.

ESSAI

D'UN COURS ÉLÉMENTAIRE

D'OPTIQUE,

CONTENANT LES DEUX THÉORIES DE LA LU-
MIÈRE DANS LES SYSTÈMES DES ONDULA-
TIONS ET DE L'ÉMISSION.

A L'USAGE DES ÉLÈVES QUI ÉTUDIENT LA PHYSIQUE.

PAR AMONDIEU, AGRÉGÉ POUR LES SCIENCES.

> La nature en se dévoilant a montré à
> l'homme un petit nombre de causes don-
> nant naissance à la foule des phénomènes
> qu'il avait observés
> LAPLACE. *Système du monde.* L. I.

A PARIS.

CHEZ H. VERDIÈRE, LIBRAIRE,

QUAI DES AUGUSTINS, n° 25.

1826.

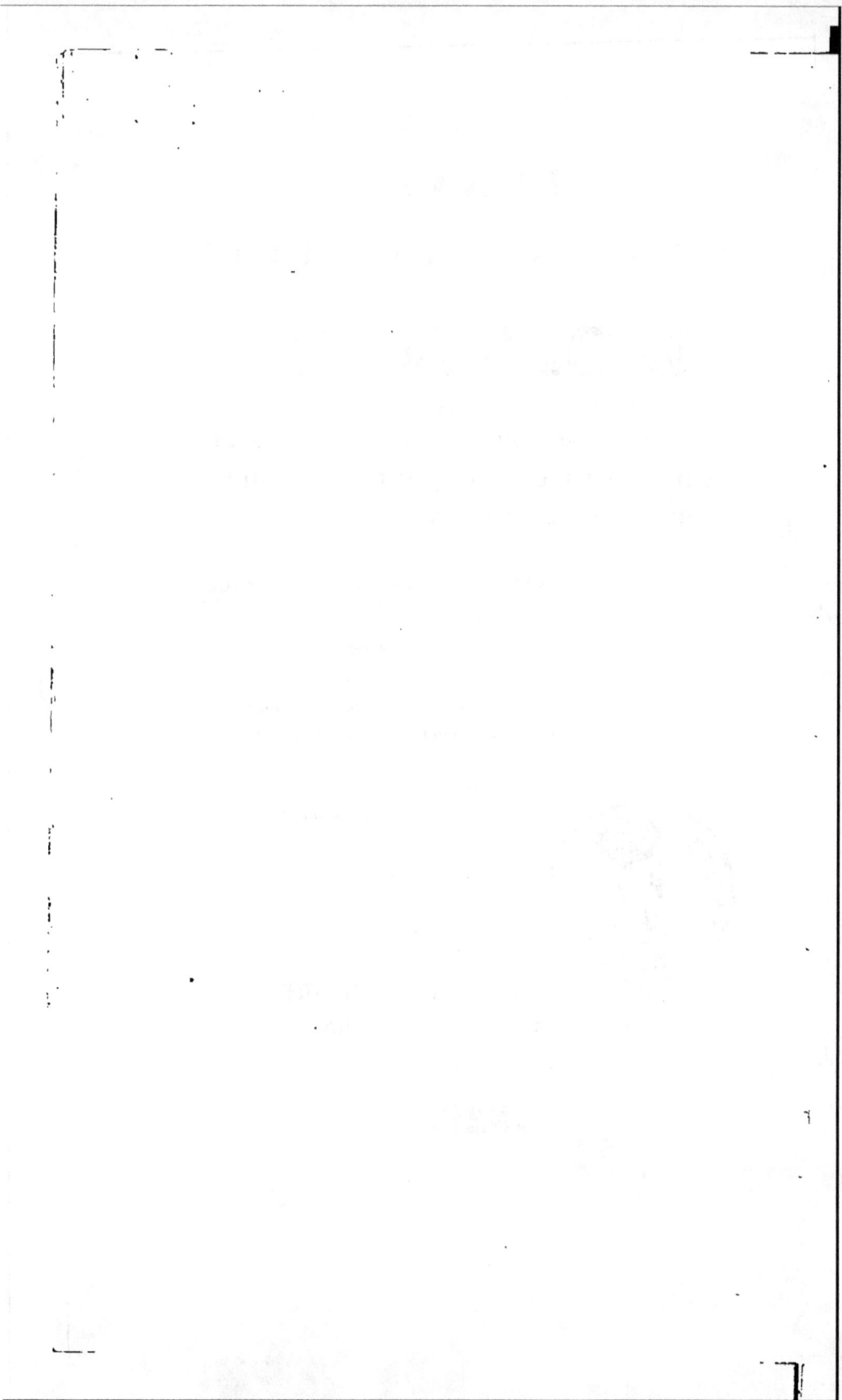

Avis.

———❦———

    Cet essai est extrait d'un cours élémentaire et général de physique que je ne livre pas encore à l'impression. La pénurie de livres où sont exposées les nouvelles découvertes de Fresnel sur la lumière et la théorie des ondulations lumineuses, m'a décidé à donner au public l'optique seule et séparée. Comme cet ouvrage est spécialement destiné aux jeunes gens qui étudient la physique, j'ai cru devoir me renfermer dans des limites assez resserrées ; car on a fort peu de temps à donner à l'optique dans les cours des colléges royaux.

Les élèves des premières années de philosophie, les seuls qui suivent la physique, n'ont vu en mathématiques que la géométrie élémentaire et la trigonométrie, ce qui m'a décidé à éloigner tout calcul trop compliqué, et à donner seulement les résultats de l'analyse; cependant j'ai laissé subsister quelques démonstrations géométriques très simples, qui, loin d'obscurcir la matière ne peuvent que l'éclaircir, et qui seront facilement comprises par les élèves.

INTRODUCTION.

La nature est l'ensemble de lois fixes et immuables qui régissent l'univers. En pénétrant dans son immense sanctuaire, en étudiant avec détail tout ce qu'elle embrasse, la marche la plus certaine est d'observer les faits, de déterminer leur dépendance mutuelle et d'en poursuivre les conséquences les plus éloignées. Mais avant d'appliquer cette méthode à l'étude de l'optique, rappelons quelques principes de la plus haute importance.

Une théorie est un raisonnement employé pour expliquer un phénomène ou pour le lier à une loi plus générale dont il dépend d'une manière directe ou indirecte.

Un système est un raisonnement basé sur des suppositions nullement démontrées pour rendre compte d'effets trop compliqués ou non assez observés. Un système s'écroule dès qu'on prouve l'absurdité de la première hypothèse. On évite les systèmes en interrogeant la nature, en étudiant ses lois et en établissant leur filiation par des théories plus ou moins lumineuses.

Un corps matériel est tout ce qui produit ou peut produire sur nos organes un certain nombre de sensations déterminées. Les propriétés d'un corps sont la faculté qu'il a d'exciter en nous diverses sensations qui nous annoncent sa présence.

La physique en général a pour objet la connaissance de tous les phénomènes de la nature. *La physique proprement dite* ne s'occupe que des propriétés les plus générales des corps et de leurs actions réciproques, même à de très grandes distances. *La chimie* au contraire étudie leurs actions intimes et réciproques de molécule à molécule, et à des distances infiniment petites.

L'espace infini ou absolu est ce qui reste

après avoir fait abstraction par la pensée de tous les corps de l'univers; *l'espace relatif* est toujours limité d'une manière quelconque.

Dans l'espace on trouve

1º *Les corps solides* qu'on peut saisir et presser entre les doigts, et qui offrent au toucher une forte résistance;

2º *Les corps liquides* formés de *molécules* ou particules extrêmement mobiles, et glissant les unes sur les autres avec beaucoup de facilité. On ne peut presser les liquides entre les doigts, ni les amonceler en tas. Ils conservent toujours la figure des vases qui les renferment. On ne doit pas les confondre avec *les sables* qu'il est toujours facile d'entasser, et dont on prend au moins une pincée;

3º *Les fluides aériformes ou gaz* qui ont l'apparence de l'air, et dont les particules sont encore plus subtiles et plus déliées que celles des liquides;

4º *Enfin les fluides incoercibles ou impondérables*, dont l'existence est purement hypothétique. Ils ont été imaginés par plusieurs physiciens pour rendre compte des phénomènes de la chaleur, de l'électricité et de la lumière. Les adversaires de cette hypothèse admettent une matière infiniment subtile appelée *Ether* qui remplit la sphère de l'univers, et ils en déduisent l'explication des mêmes phénomènes.

Les corps solides, les liquides et les gaz jouissent de certaines propriétés par lesquelles on prouve leur matérialité. Les plus générales sont :

1° *L'étendue* qui a lieu partout où se présente distinction de parties, et qui a trois dimensions, longeur, largeur et épaisseur;

2° *La figure* qui est l'ordre, la manière d'être, l'arrangement plus ou moins régulier des surfaces qui limitent les corps;

3° *L'impénétrabilité* par laquelle un corps ne peut occuper la place d'un autre corps sans préalablement l'en avoir chassé;

4° *La porosité* qui est la propriété qu'ont les corps d'être plus ou moins criblés de petites vacuoles nommées *pores* ;

5° *La divisibilité* par laquelle les parties d'un corps se divisent et se séparent; la divisibilité idéale est indéfinie, la divisibilité physique a des bornes;

6° *La compressibilité* par laquelle certains corps diminuent de volume lorsqu'ils sont comprimés;

7° *L'élasticité* par laquelle un corps reprend son volume et la forme qu'il a perdue pendant la compression ou de toute autre manière.

Un corps peut être :

En *repos*, c'est à dire persévérer constamment dans les mêmes rapports de situation relativement à l'espace absolu ou à l'espace relatif;

En *mouvement*, ou passer successivement dans différens lieux de l'espace absolu ou relatif.

D'après cela le repos et le mouvement peuvent être absolus ou relatifs.

L'inertie est une propriété générale de la matière par laquelle elle ne peut ni s'ôter, ni se donner le mouvement.

Une *force* est une cause inconnue qui fait passer un corps du repos au mouvement, ou du mouvement au repos. On en trouve des exemples dans l'*attraction*, *la gravitation* ou *la gravité* qui fait tendre vers la terre les corps environnans; *la cohésion* qui réunit plus ou moins les molécules des corps de manière à opposer plus ou moins de résistance à leur séparation; *l'affinité chimique* ou *attraction de combinaison* qui tend à réunir les particules de nature différente pour en faire un composé.

La mécanique est la science des forces : cette partie de la physique est purement mathématique, et comme l'action de deux ou plusieurs forces peut produire l'équilibre ou le mouvement d'un corps solide ou d'un fluide, la mécanique se divise en quatre grandes branches, la statique, la dynamique, l'hydrostatique et l'hydrodynamique.

Avant de terminer cette introduction, rappelons ce qu'on entend par

Volume d'un corps, espace qu'il occupe;

Masse d'un corps, quantité de matière que le corps renferme sous son volume;

Densité, rapport du volume à la masse;

Pesanteur, force qui sollicite les corps vers la terre;

Poids, résultante de toutes les actions dont la pesanteur anime chaque particule d'un corps;

Pesanteur spécifique, rapport du poids au volume;

Atmosphère, masse d'air qui enveloppe le globe terrestre jusqu'à une certaine hauteur : on mesure le poids de l'atmosphère par le tube de Toricelli ou *le baromètre*.

L'acoustique est la science des sons; ceux-ci proviennent des vibrations des corps sonores qui se communiquent à l'air et se transmettent de proche en proche, jusqu'à notre oreille qui les reçoit et nous fait entendre;

Calorique, cause inconnue de la chaleur; La chaleur dilate les corps ou écarte leurs particules, elle les rend successivement solides, liquides et fluides élastiques : on mesure les différentes énergies du calorique ou *la température* par *le thermomètre*;

Électricité, propriété ou manière d'être des corps qui les rend susceptibles de s'attirer, de se repousser, de donner des étincelles des aigrettes lumineuses, des commotions.

et de produire un grand nombre de phénomènes remarquables et même de lancer la
foudre, qui n'est qu'une explosion électrique.

ESSAI

D'UN

COURS ÉLÉMENTAIRE D'OPTIQUE.

NOTIONS PRÉLIMINAIRES.

---

1. La lumière est le mode de communication qui nous avertit de l'existence des corps sans que nous ayons besoin de les toucher immédiatement et qui s'exerce ainsi à distance et se transmet par les yeux jusqu'à nous. Certains corps, tels que le soleil et les étoiles fixes, excitent eux-mêmes la lumière et sont dits pour cela *lumineux par eux-mêmes*. D'autres ne deviennent visibles qu'en renvoyant la lumière qu'ils ont reçu préalablement d'un corps lumineux et sont appelés *lumineux par réflexion*.

Cependant ces derniers deviennent en général lumineux par eux-mêmes lorsque leur température est assez élevée, mais le refroidissement leur fait perdre cette propriété. Un *corps opaque* est celui qui ne se laisse pas pénétrer par la lumière, du moins sensiblement; par opposition celui qui, comme le verre, l'eau, certains cristaux, lui donne un libre passage est un corps *diaphane ou transparent*.

2. *La transmission de la lumière se fait en ligne droite.*

EXPÉRIENCE I. Disposez des fils de métal ou de soie très fine dans un même plan et parallèles entre eux, placez dans le même plan à une grande distance un point lumineux; appliquez l'œil près du premier fil du côté opposé au point lumineux; celui-ci deviendra invisible par l'interposition de ces fils, mais pour peu que vous vous écartiez de leur direction, il ne sera plus éclipsé.

EXPÉRIENCE II. Soient deux plaques de métal bien polies et bien planes, approchez-les l'une de l'autre toujours parallèlement et regardez la lumière des nuées, à travers l'espace qui les sépare; vous l'apercevrez toujours quelque petit que soit cet espace. Lorsque les plans se toucheront, elle disparaîtra tout-à-fait. Mais si l'un d'eux est tant soit peu concave et l'autre convexe, la lumière sera invisible avant le contact.

Ces deux faits prouvent que la propagation de la lumière, quelle que soit sa nature, a lieu en ligne directe.

3. Un rayon lumineux est la droite menée d'un point lumineux à l'œil. La vision directe s'exécute en droite ligne suivant le rayon lumineux. Observons que cette définition abstraite est indépendante de toute hypothèse particulière sur la nature de la lumière.

4. Mais ce n'est pas à la surface extérieure de l'œil que la vision s'opère, c'est dans son intérieur, et autant qu'on peut le présumer sur un nerf appelé *rétine* qui en tapisse le fond. Les rayons lumineux avant d'arriver à la rétine traversent plusieurs fluides transparens qui sont parties constituantes de cet organe et dont nous parlerons plus loin.

5. L'angle visuel ou diamètre apparent d'un objet est l'angle des rayons partis de ses bords opposés et qui, arrivant à l'œil suivant des directions différentes, se croisent au devant de la pupille par où ils pénétrent dans l'organe.

6. Les corps opaques deviennent visibles en *réfléchissant* la lumière reçue d'un corps lumineux. Les mieux polis sont les meilleurs réflecteurs. Les miroirs jouissent principalement de cette propriété et deviennent, en changeant la direction des rayons qu'ils reçoivent, d'un grand usage en physique. On appelle *catoptrique* la partie de l'optique qui traite de la réflexion de la lumière.

7. Les rayons lumineux, en traversant des corps diaphanes, tels que l'air, l'eau, le verre, etc., et en passant d'un de ces milieux dans un autre, subissent en général une inflexion qui change leur direction. Ce phénomène nommé *réfraction de la lumière* est le but d'une autre branche de l'optique appelée *dioptrique*.

8. La réfraction est le plus souvent accompagnée d'une espèce d'épanouissement

dans le rayon lumineux. Alors chaque partie de ce rayon réfracté excite des sensations
de couleurs différentes. Ce phénomène a
reçu le nom de *dispersion* de la lumière ou
de *chromatique.*

9. Si le corps diaphane traversé par la
lumière est cristallisé, le rayon réfracté se
divise quelquefois en deux autres. Ce phénomène est celui de la *réfraction double* de
la lumière. Alors chacun de ces rayons jouit
de propriétés particulières et opposées qui
constituent la *polarisation de la lumière.*
Celle-ci se manifeste encore dans d'autres
circonstances que dans la double réfraction.

10. On peut nommer *diffraction de la
lumière* l'action de deux rayons lumineux
l'un sur l'autre et leur modification mutuelle. Si, par exemple, la lumière rase un
corps très étroit, les rayons extrêmes sont
presque parallèles. Ils finissent cependant
par se rencontrer et par agir l'un sur l'autre. Ils produisent alors un des principaux
phénomènes de la diffraction et que nous
détaillerons plus loin.

11. Cet essai est divisé en quatre parties.

La première contient l'exposition de tous les phénomènes donnés par l'expérience. Dans la seconde et la troisième tous ces phénomènes sont liés par une théorie : on y developpe successivement celle des ondulations et de l'émission, objets de la discussion des physiciens de l'époque. Enfin la quatrième partie indépendante de toute hypothèse, comme la première, est consacrée à l'explication des principaux météores lumineux et à la description d'un grand nombre d'instrumens de la plus haute importance.

PREMIÈRE PARTIE.

EXPOSITION

DES

PHÉNOMÈNES GÉNÉRAUX DE L'OPTIQUE.

> Les effets généraux sont pour nous les
> vraies lois de la nature : tous les phéno-
> mènes que nous connaîtrons tenir à ces
> lois et en dépendre seront autant de faits
> expliqués, autant de vérités comprises.
>
> BUFFON.

CHAPITRE PREMIER.

DE LA LUMIÈRE DIRECTE.

12. *De la chambre obscure.* La chambre obscure est un appartement parfaitement fermé qui ne laisse entrer aucun rayon lumineux, si ce n'est par une ouverture pratiquée au volet. Celui-ci est armé d'une plaque métallique où sont plusieurs trous

de diverses grandeurs qu'on ouvre et ferme à volonté. On peut donc introduire un ou plusieurs rayons lumineux dans une chambre obscure et soumettre ainsi la lumière aux expériences.

13. *Les rayons de lumière qui partent d'un même corps lumineux sont divergens.*

EXPÉRIENCE 1. Présentez au soleil un carton percé d'un trou circulaire de quelques millimètres. Vous verrez derrière un faisceau lumineux passant à travers le trou qui va en s'élargissant à mesure qu'il s'éloigne. Ceci se rend sensible en le coupant par un plan placé à des distances diverses du trou et en recevant dessus l'image produite. Elle sera circulaire ou elliptique et d'autant plus grande que le plan sera plus loin du trou. Preuve incontestable de la divergence des rayons qui passent à travers.

14. La divergence des rayons lumineux explique plusieurs phénomènes remarquables.

1° Percez une carte de plusieurs petits trous d'épingles et présentez-la ainsi au soleil; vous obtiendrez autant de faisceaux lumineux qu'il y a de trous. Placez d'abord un plan derrière et assez près, chaque trou donnera une image : éloignez peu à peu le plan, les faisceaux, à cause de leur divergence, empiéteront peu à peu les uns sur les autres et finiront en se confondant par n'offrir qu'une seule image circulaire.

2° Percez une carte d'un trou triangulaire, ou quadrangulaire, ou qui ait toute autre figure. Si le plan sur lequel vous recevrez l'image est près du trou, il en aura la figure; mais si on en éloigne ce plan peu à peu, on verra l'image se déformer et devenir circulaire. Dans ce cas, les petits faisceaux coniques dont est composée la lumière qui passe à travers le trou, sont d'abord très minces et ne forment que de très petits cercles qui dessinent fort bien le périmètre de la figure. Mais un peu loin, ces cercles deviennent très grands et empiètent par conséquent les uns sur les autres. Alors la figure doit finir par être circulaire.

3° Ceci explique pourquoi la terre est couverte de cercles lumineux lorsque les rayons du soleil ou de la lune passent à travers le feuillage des arbres d'une allée ou d'une avenue.

15. Expérience ii. Soit MN le volet d'une chambre obscure percé en O (*fig.* 1), AB un objet extérieur lumineux par lui-même ou par réflexion. Il partira de tous les points de AB des rayons qui iront en divergeant; parmi lesquels un petit nombre seulement pénétreront dans la chambre obscure par l'ouverture O toujours assez petite. Ce seront les rayons extrêmes A*oa*, B*ob* qui rasent les parois du trou et ceux qui sont situés dans le cône AOB. Chacun de ces rayons va peindre dans l'intérieur de la chambre sur un carton blanc placé devant le trou ou sur le mur opposé, l'image du point d'où il vient. Le point A est peint en *a*, le point B en *b*, et tous les autres points situés entre A et B seront peints entre *a* et *b*. Ce qui produit l'image de AB en *ab*, mais renversée. On voit que plus le carton sur lequel l'image est peinte est loin du trou, plus cette image est grande, et comme les tringles AOB, *aob* sont semblables, la

grandeur relative de *ab* sera exprimée par
le rapport $\frac{ab}{AB} = \frac{ao}{AO} = \frac{mo}{MO}$

Nous voyons pourquoi les objets extérieurs se peignent renversés dans la chambre obscure. Plus loin nous chercherons à
perfectionner cet appareil.

16. EXPÉRIENCE III. Prenez une épingle,
placez-la tout près de votre œil, disposez
une carte percée d'un petit trou derrière
l'épingle, et regardez au jour par ce petit
trou. Vous verrez derrière la carte et près
d'elle une ombre renversée de l'épingle.
Dans ce cas la couche d'air située derrière
la carte remplace le plan sur lequel se peint
l'objet dans la chambre obscure.

17. Sans entrer dans une description ana-
tomique de l'œil, remarquons en passant
que cet organe a une très grande analogie
avec la chambre obscure. Les rayons lumineux pénètrent par *la prunelle* dans l'orbe
de cet organe et vont peindre les objets extérieurs sur la rétine qui en tapisse le fond
et qui n'est qu'un épanouissement du nerf
optique. Celui-ci reçoit par ce moyen la
sensation du voir qu'il communique au cer-

veau. Mais les rayons avant d'arriver à la rétine traversent plusieurs fluides diaphanes dont nous parlerons plus loin. En donnant plus de détails sur la construction de l'œil, nous oterons toutes les difficultés qu'on pourrait éprouver à concevoir comment s'opère la vision.

18. *Quoique nous voyions les objets des deux yeux à la fois, ils nous paraissent ordinairement simples.* Cela vient de ce que les images tombent sur des plans correspondans des deux rétines; ce qui produit deux impressions uniformes et par suite une même sensation. Mais nous voyons double si les images n'occupent plus sur les rétines des plans correspondans. Cela arrive lorsqu'un œil reçoit une forte commotion, ou lorsqu'il est tordu, ou lorsqu'il est tourné autrement que l'autre, etc.

19. *Quoique l'image d'un objet se peigne renversé sur la rétine, nous le voyons droit,* parceque nous avons l'habitude de rapporter vers le haut de l'objet la sensation éprouvée dans le bas de la rétine, et vers le bas la sensation éprouvée dans le haut. On peut

dire en quelque sorte que notre sensation sort de nous pour venir s'identifier avec l'objet extérieur.

20. *Comment juge-t-on de la grandeur des objets* par leur diamètre apparent ou par leur angle visuel (*fig.* 2). Soit AB l'objet vu par un œil placé en O, les rayons extrêmes AO et OB feront un angle AOB dont la grandeur déterminera l'espace qu'occupera l'image AB sur la rétine. C'est donc par l'angle AOB qu'on peut juger de la grandeur de l'objet AB.

Mais pour que ce jugement fût exact, il faudrait que les objets fussent tous à la même distance de l'œil, sans quoi on serait exposé à tomber dans de grandes erreurs; AB, A'B', A"B" (*fig.* 3), vus sous le même angle POQ, auraient la même grandeur apparente. Ici nous rectifions notre jugement par la distance qui sépare notre œil de l'objet, et en le comparant sans nous en douter à la grandeur des objets intermédiaires dont nous avons des idées précises, et qui nous servent, pour ainsi dire, d'échelon pour arriver jusqu'à lui. Alors si par un moyen quelconque nous cachons les objets intermédiaires, nous ne pourrons plus juger de leurs distances successives, et nous rapporterons tous ceux qui seront un peu éloignés sur un même plan, ce qui produira de grandes erreurs lorsque nous voudrons connaître leur grandeur réelle. Ainsi, si nous regardons les trois objets AB, A'B', A"B" du point O, à travers un tube un peu conique, ils paraîtront de la même grandeur.

Si on voit du point O (*fig.* 4) l'objet AB sous l'angle AOB, et si on transporte ensuite cet objet en A'B' à une distance double de l'œil, il ne sera plus vu que sous l'angle A'OB', et sa grandeur apparente rapportée dans le plan primitif de AB, sera *ab* qui est exactement la moitié de A'B' ou de AB. Si la distance de A'B' à l'œil est triple, quadruple, etc., de la distance primitive de AB au même point, la grandeur apparente de l'objet rapportée au plan primitif de AB sera le tiers, le quart, etc. de AB.

21. Ce qui précède rend compte de plusieurs phénomènes très intéressans.

1° Pourquoi lorsqu'on est à l'extrémité d'une longue avenue, les deux rangées d'arbres dont elle est bordée paraissent converger à l'extrémité opposée, quoique ces deux rangées soient parfaitement parallèles? Cela vient de ce que les parties éloignées de l'avenue sont vues sous des angles de plus en plus petits. Ainsi, les distances AB, A'B', A"B", A"'B"' (*fig.* 5) vues du point O, donnent pour angles visuels A"'OB"' plus petits que A"OB", celui-ci moindre que A'OB', et celui-ci moindre que AOB. Ces angles seraient les mêmes, si on rapportait toutes ces distances en AB, en leur donnant pour grandeur respective A"'B"', A"B", A'B', AB. Par une raison analogue, les arbres de l'avenue paraîtront diminuer de grandeur et rapetisser.

2° On voit encore pourquoi en se plaçant à l'extrémité d'une longue galerie, le plafond et le plancher semblent se rapprocher l'un de l'autre à l'extrémité opposée; pourquoi lorsqu'un homme est au pied d'une tour dont il regarde le sommet, l'édifice paraît pencher vers lui, au point de l'effrayer; pourquoi une plaine considérable parait s'élever en pente douce lorsqu'on est à une de ses extrémités.

3° Ainsi, si on plante une allée d'arbres, dont la hauteur aille successivement en diminuant, et plus étroite à l'extrémité opposée qu'à celle où l'on est, elle paraîtra plus longue qu'elle ne l'est réellement.

4° Si on est habitué à voir de petites montagnes auprès de soi, et si on va dans un pays où on en aperçoive de très grandes, mais éloignées, on les croira beaucoup plus près qu'elles ne sont.

5° Si deux ou plusieurs objets sont très éloignés de nous et d'un même côté, on ne pourra pas reconnaître leur distance respective; ils sembleront même tous deux également éloignés de nous et projetés sur un même plan. Qu'on se place au milieu d'un vaste plaine nue et sans arbres, tous les objets un peu éloignés paraîtront tous à la circonférence d'un cercle, dont on croit occuper le centre et qu'on appelle horizon. De même en jetant les yeux sur le ciel, nous croyons tous les astres à peu près à égale distance de la terre, ce qui fait penser que le ciel est une sphère parsemée d'étoiles. Une surface convexe et sphérique éloignée de nous, nous paraîtra plane, ainsi le soleil et la lune projetés sur la calotte du ciel ont la forme de disques circulaires.

6° Si une sphère très éloignée de nous tourne autour d'un de ses axes, nous ne reconnaîtrons ce mouvement que lorsque sa surface sera parsemée de taches, que nous pourrons suivre dans leur changement de position, et qui paraîtront et disparaîtront. C'est ainsi qu'on a prouvé le mouvement des planètes et du soleil.

7° Si, à une très grande distance de nous, on fait tourner autour d'un cercle, un corps quelconque, un point lumineux, par exemple, nous croirons que ce point va et vient en suivant un diamètre de ce cercle qui ressemble alors à une ligne droite et non à une courbe. Le mouvement annuel des planètes autour du soleil produit de telles apparences.

22. *Pourquoi les astres paraissent-ils plus grands à leur lever qu'au-dessus de*

l'horizon ? La voûte céleste ne ressemble
pas exactement à une demi-sphère, mais
bien à une voûte surbaissée (*fig.* 6), ABD
en voici la raison; plaçons-nous au milieu
d'une plaine, entre nous et l'horizon nous
apercevrons de tous côtés des objets terrestres, des maisons, des arbres, etc., situés à
des distances différentes de nous, et nous
jugerons de la grandeur de ces distances
par l'habitude que nous avons acquise de
les comparer; tandis qu'en jetant les yeux
au-dessus de nous, aucun objet ne fixera nos
idées, et ne pouvant juger de la distance,
la voûte céleste y paraîtra beaucoup plus
près de nous qu'à l'horizon.

Cela posé, soit la lune à son lever en L,
nous la jugeons sur la voûte céleste et sa
grandeur apparente est *ab.* Lorsque cet astre est au zénith en L', nous le jugeons
en B , l'angle *a'Cb'* est bien égal à l'angle
aCb, mais la grande apparente *a'b'* est
moindre que *ab.* Cette grandeur apparente
des astres à leur lever, disparait en les regardant à travers un tube ou un trou d'é-
pingle fait à une carte; alors on ne les voit

pas plus grands à l'horizon qu'au zénith. Cela vient de ce que, n'apercevant plus les objets terrestres intermédiaires, on ne croit pas le zénith plus près de l'horizon.

23. NOTIONS GÉNÉRALES DE PERSPECTIVE. La perspective d'un point sur un plan est le lieu où le rayon visuel mené de ce point à l'œil rencontre ce plan. La perspective d'une surface sur un plan est l'intersection de ce plan, et d'une pyramide qui a pour base cette surface et l'œil pour sommet. On voit, dans ce cas, que chaque rayon visuel venant de la surface à l'œil, détermine sur le plan un point de la perspective. Si le plan est parallèle à la surface, la perspective lui est semblable. Cette similitude n'a lieu que dans ce cas. On conçoit actuellement comment on peut arriver à la perspective d'un objet quelconque; plus l'objet sera éloigné du plan, plus sa perspective sur ce plan sera petite. On peut donc, par la perspective d'un corps, juger de sa distance, surtout si on a des notions exactes sur sa grandeur réelle. Sur la vitre d'une croisée on pourrait tracer la perspective de la campagne, en

supposant que chaque rayon visuel laissât
une trace sur le carreau, dans la route de
l'objet à l'œil ; cette perspective est dite *li-
néaire*. Nous ne parlerons pas de la perspective aérienne qui est l'art d'appliquer la
couleur et la teinte qui convient à chaque
point. La géométrie donne des règles certaines pour le tracé de la perspective li-
néaire.

Un *panorama* est un tableau circulaire
qui nous enveloppe de tout côté, et qui
représente en grandeur naturelle tous les
objets extérieurs, vus du point où le pein-
tre s'est placé pour le dessiner, et de telle
manière que l'illusion est complète.

24. Ombres des corps. Un corps opaque
placé devant un corps lumineux intercepte
la lumière ; il se manifeste alors une ombre
dont nous allons étudier la forme : 1° Si le
corps lumineux est plus gros que le corps
opaque, l'ombre est une pyramide qui a
pour base celui-ci, et dont la hauteur dépend de leur distance respective. Cette ombre est limitée par les tangentes communes
aux deux corps (*fig.* 7) ; soit S le soleil,

T un corps sphérique opaque, l'ombre est
un cône TO, dont le corps opaque T est la
base; elle est toujours opposée au soleil ou
au corps lumineux S.

2° Si le corps lumineux et le corps opaque sont égaux, l'ombre sera un prisme infiniment alongé, dont le corps opaque sera
la base. Dans le cas de la *fig.* 8 , l'ombre est
un cylindre infini TO, parceque le corps
opaque T et le corps lumineux S sont des
sphères égales.

3° Si le corps lumineux est plus petit que
le corps opaque, l'ombre sera une pyramide
tronquée, infiniment grande, dont la petite
base est sur le corps opaque. Dans le cas
de la *fig.* 9 elle se change en cône tronqué
infini, parceque le corps lumineux S et le
corps opaque T sont sphériques.

25. Pénombre. Si le corps lumineux se
réduisait à un point, l'ombre serait terminée
comme on vient de le voir, mais ses dimensions engendrent une *pénombre* dont l'intensité décroit insensiblement depuis les
limites de l'ombre : en effet, soit AB le corps
opaque (*fig.* 10), S le corps lumineux, l'om-

bre CABD sera déterminée par les tangentes CA*c*, DB*f*, au corps lumineux, et menées l'une du point A et l'autre du point B; mais de ces deux points on pourra encore mener les tangentes A*e* et B*d*, on aura donc deux cônes EAC, FBD qui recevront d'autant moins de lumière que leurs points seront situés plus près de l'ombre, cette ombre qui va en diminuant insensiblement est la *pénombre*. Il y a donc une pénombre toutes les fois que le corps lumineux a une dimension quelconque. Ainsi, il s'en présente une dans le cas des figures 7, 8 et 9.

26 VITESSE DE LA LUMIÈRE. *La communication établie par la lumière entre le corps lumineux et nous est-elle ou n'est-elle pas instantanée?*

Observations. Tous les phénomènes sublunaires semblent d'abord conduire à la première de ces assertions, mais gardons-nous de juger des limites de la nature par la faiblesse de nos organes et le peu d'étendue de nos perceptions. La vitesse de la lumière est peut-être assez considérable pour qu'on puisse la regarder comme excessivement grande, comparée à toutes celles qu'on observe sur la terre. En effet, les phénomènes célestes vont nous conduire à déterminer sa vitesse de propagation, et démontrer ainsi qu'elle n'est pas instantanée.

Le soleil occupe le centre du système planétaire; la terre et Jupiter sont deux planètes qui tournent, la première en un an autour du soleil, la seconde en douze ans environ. Celle-ci est plus éloignée du soleil que la terre, et dans sa marche est accompagnée de quatre satellites qui tournent autour de lui dans des temps différens. Cela posé, soit le soleil en S, la terre en T et Jupiter en I; par la connaissance acquise du mouvement planétaire, et de celui des satellites, on peut calculer les éclipses du premier satellite de Jupiter, leur durée et leur retour successif, c'est à dire le moment où ce satellite entrera dans l'ombre projetée par la planète, dans l'espace et l'instant de sa sortie et cela avec d'autant plus de facilité que ces éclipses reviennent très souvent à cause de la vitesse de ce satellite. Or, six

mois après, la terre étant en T''', on trouve
un retard dans le retour de ces éclipses de
16 minutes à peu près; retard qui ne peut
provénir que du temps qu'emploie la lumière à traverser l'orbe entier de la terre,
en venant des environs de Jupiter, et qui
par conséquent doit diminuer, comme l'observation le confirme, à mesure que notre
planète se rapproche de Jupiter. Or, la ligne
TST''' est le double de la distance du soleil
à la terre, la lumière met donc environ 8
minutes à venir du soleil à nous; ce qui
fait 33 millions de lieues environ en 8 minutes. Cette vitesse excessive est indépendante de la nature particulière de la lumière. *L'aberration* des étoiles conduit aussi
à admettre une vitesse semblable à la lumière.

On a de plus observé que lorsque la terre
est en T', T'', T''' le retard des éclipses est
proportionnel à la distance de la terre à
Jupiter. Ceci conduit à cette conclusion: la
vitesse *de la lumière est uniforme* au moins
dans toute l'étendue de l'orbe terrestre et
même de l'orbe de Jupiter.

C'est *Roemer* qui a découvert la vitesse de la lumière.

27. INTENSITÉ DE LA LUMIÈRE. Quelle que soit la nature de la lumière, *son intensité diminue en raison inverse du carré des distances*. En effet, soit S un point lumineux et ASB (*fig.* 12) le cône de lumière que reçoit un cercle *cd*. Ceci peut se réaliser en faisant passer un faisceau de rayons solaires par un petit trou du volet de la chambre obscure, et en recevant ce faisceau sur un plan *cd*, perpendiculaire à l'axe SE du cône lumineux. Éloignons le plan à la distance SE de S, alors le faisceau de lumière éclairera le cercle CD. Ainsi toute la lumière que recevait *cd* se répandra uniformément sur CD. L'hypothèse la plus naturelle à faire, et qui sera justifiée par la suite, est que si le cercle CD est double du cercle *cd* chaque point de CD est deux fois moins éclairé que chaque point de *cd*, et en général que l'intensité de la lumière en *cd* est à l'intensité de la lumière en CD comme le cercle CD est au cercle *cd*. Cela posé, soit I l'intensité

de la lumière en CD et i celle de la lumière en cd, notre hypothèse donne :

$$I : i :: \text{cercle } cd : \text{cercle } CD.$$

Mais on a aussi :

$$\text{Cercle } cd : \text{cercle } CD :: \overline{ce}^2 : \overline{CE}^2 :: \overline{Se}^2 : \overline{SE}^2.$$

On en conclut :

$$I : i :: \overline{Se}^2 : \overline{SE}^2.$$

Les intensités de la lumière sur chacun de ces cercles sont donc en raison inverse du carré des distances Se, SE au point rayonnant S [*].

---

[*] Si les cercles CD, cd avaient des dimensions comparables aux distances SE, Se, tous les points de chacun d'eux ne recevraient pas une égale quantité de lumière, ce qui pourrait faire douter de l'exactitude de la conclusion dans ce cas. Voici une démonstration qui ne laisse rien à désirer.

Soit ASB (*fig.* 13). La section d'un plan passant par le point lumineux S , et par l'axe SI du

28 *Mesure de l'intensité de la lumière.*
La mesure de l'intensité de la lumière n'est
que relative, et pour la rendre comparable il faut supposer qu'on considère celle
que chaque point lumineux envoie à une
même distance, à l'unité de distance, par
exemple : cela posé, soient S et S', les deux
lumières dont on veut comparer l'intensité

cône de lumière ASB, qui part du point S ; soient
SA, SC les rayons de deux sphères, dont S est le
centre commun, le cône lumineux interceptera
sur ces deux sphères, deux calottes sphériques ;
AIB, CED seront les intersections de ces calottes
et du plan SAB. Tous les points de chaque calotte sont à égale distance de S, et sont par
conséquent également éclairés par le cône lumineux. Or, je dis que les intensités de la lumière
en CD et en AB, sont en raison inverse du carré
des distances SE, SI, car la lumière qui était d'a-
bord disséminée sur la petite calotte CED, éclai-
rant ensuite la grande calotte AIB, nous pourrons
supposer, comme tout à l'heure, que les intensités
de la lumière sur chacune de ces calottes seront
en raison inverse de leurs surfaces. Or, ces surfaces ont pour mesure 2π. SE. FE. et 2π.SI. OI ,

(*fig.* 14) ASB, CS'D le cône lumineux que chacune envoie. Soient $Se = S'f = 1$ mè-tre, menons les cercles AB et *cd* ; l'intensité lumineuse qu'ils reçoivent sera ce que nous prendrons pour intensités des lumières S et S'. Représentons-les par i et i'. Éclairons actuellement deux plans AB et CD par ces mêmes lumières, et plaçons-les de manière tous deux qu'ils le soient également, le pre-mier par S, le second par S', chose toujours possible. Désignons par I l'intensité lumi-

---

et soient comme dans le texte I et i les intensités respectives de la lumière en CED et en AIB, on aura la proportion :

$$I : i : : 2\pi SI \times OI : 2\pi SE \times FE \text{ ou bien}$$
$$: : SI \times OI : SF \times FE.$$

Mais on a OI : FE : : AI : CE : ; SI : SE ; ce qui donne OI : FE : : SI : SE. Multipliant cette pro-portion par celle-ci, SI : SE : : SI : SE, on trouve

$$OI \times SI : FE \times SE : : \overset{-2}{SI} : \overset{-2}{SE} \text{ donc :}$$

$$I : i : : \overset{-2}{SI} : \overset{-2}{SE}, \text{ ce qui démontre le principe}$$
énoncé dans le texte.

neuse, commune à ces deux surfaces. On aura par la démonstration du n° précédent

$$\frac{I}{i} = \frac{1^2}{\overline{SE}^2} \quad ! \quad \frac{I}{i} \quad \frac{1^2}{\overline{S'E}^2}$$

Ce qui donne

$$\frac{i}{i'} = \frac{\overline{SE}^2}{\overline{SF}^2} \text{ ou bien } i : i' :: \overline{SE}^2 : \overline{S'F}^2$$

Ce qui démontre ce principe que *les intensités de deux lumières sont entre elles comme les carrés de leurs distances au point que chacune éclaire également.*

On reconnaîtra facilement que les deux plans AB et CD sont également éclairés en interposant au devant un petit disque opaque dont les ombres indiquent des points isolément éclairés. Or en faisant varier les distances des corps lumineux au tableau, on peut rendre ces ombres également intenses; alors les plans ont la position cherchée. Il existe plusieurs moyens de parvenir à ce but. (*Voy.* Biot, précis Él. pag. 630 T. II).

4

Il nous suffit d'en avoir indiqué la possibilité.

Si les deux lumières ne sont pas visibles en
même temps, il suffit d'en prendre une troisième pour terme de comparaison aux deux
lumières proposées; mais il faut de plus que
son éclat puisse se soutenir sans variation.
On trouve toujours que les intensités des
deux lumières sont proportionnelles aux
carrés de leurs distances au point également
éclairé par elles.

Par ce qui précède on n'obtient qu'une
mesure relative de l'intensité de la lumière.
Pour la rendre absolue nous ferons $i' = 1$
$S'F = 1$ mètre. Ce qui revient à prendre
pour unité d'intensité de la lumière, celle
qu'envoie un point lumineux constant S' à
un corps CD placé à un mètre de distance.

Nous trouvons alors $i = \overline{SE}^2$ pour l'intensité de la lumière S. Ceci conduit à ce résultat remarquable : *l'intensité d'une lumière est égale au carré de sa distance à un
plan qui en serait autant éclairé que l'est
le même plan placé à un mètre de distance
de la lumière qui donne l'unité d'intensité.*

Ainsi, si S′ est la lumière à laquelle nous comparons toutes les autres, on mènera le plan CD à un mètre de distance de S′ et la lumière qu'il reçoit sera l'unité d'intensité.

Actuellement pour avoir l'intensité de la lumière S on déterminera la position d'un plan AB, qui soit autant éclairé par S que le plan CD l'est par S′, et alors SE sera l'intensité de la lumière S, ou la lumière que recevrait de S un plan placé à un mètre de distance *.

---

* Tout ce qui a été dit n°s 27 et 28 sur l'intensité de la lumière est absolument indépendant de sa nature. Car qu'elle soit produite par une substance particulière ou par les vibrations de l'éther comme on le verra plus loin, l'hypothèse faite n° 27 sera admissible

CHAPITRE II.

CATOPTRIQUE OU RÉFLEXION DE LA LUMIÈRE.

———

29. *La catoptrique* a pour objet l'étude des lois de la réflexion de la lumière. Les corps polis étant les meilleurs réflecteurs, c'est en eux que nous étudierons d'abord ce phénomène, en commençant par le cas où la surface est plane.

30. *Réflexion de la lumière sur les surfaces planes.* Faisons tomber obliquement un trait de lumière solaire sur la première surface d'une lame de verre horizontale, polie et transparente, nous remarquerons deux espèces de réflexion : 1° l'une dite *spéculaire*, et par laquelle une partie des rayons est renvoyée au haut sous une direction dépendant de l'obliquité des rayons primitifs ; si on reçoit sur l'œil les rayons

réfléchis spéculairement, on voit une image
du point lumineux derrière la glace; 2°
l'autre réflexion dite *rayonnante* a lieu
dans tous les sens; elle est moins vive que
la réflexion spéculaire, et nous fait voir
le point éclairé de la surface réfléchissante
de tous les points de la chambre sans donner une image du point lumineux. Toute la
lumière n'est pas réfléchie à la première
surface de la lame de verre, une partie
pénètre dans son intérieur et éprouve à sa
seconde surface les deux réflexions, mais
non pas en totalité, le reste sort dans l'air
au-dessous de la glace. Occupons-nous seulement de la réflexion à la première surface, ou bien remplaçons la lame de verre
par un plan métallique poli qui ne présente
que la réflexion à la première surface. On
remarquera que plus le poli des corps sera
parfait, plus la réflexion spéculaire sera
considérable, et la réflexion rayonnante
moindre sous le même angle d'incidence; et
que plus l'imperfection du poli est grande,
la nature du réflecteur restant la même,
plus la réflexion rayonnante est grande et

la réflexion spéculaire moindre. Si on fait réfléchir un trait de lumière sur une lame de verre dépolie, en lui donnant des inclinaisons incidentes de plus en plus petites, on remarquera que lorsque le rayon est perpendiculaire, la réflexion rayonnante est très grande et la réflexion spéculaire presque nulle; l'inclinaison du rayon incident augmentant, la réflexion spéculaire augmente et la réflexion rayonnante diminue : il y a enfin un point où la première est très grande et l'autre presque nulle, c'est lorsque le rayon incident fait un très petit angle avec le plan réflecteur.

30. *Lois de la réflexion spéculaire.*

Expérience. Soit MNP un cercle dont la circonférence (*fig.* 15) est divisée en parties égales. Supposons-le monté sur un pied en sorte qu'on puisse le placer verticalement, et le faire tourner autour de son centre T. A ce centre est un petit plan AB formé d'un miroir métallique ou de verre noirci et perpendiculaire au cercle : *s* et *o* sont deux curseurs à la circonférence, percés d'un petit trou à des distances égales du cercle MNP. Du centre T part une ligne TI, tracée sur le plan AB et perpendiculaire au cercle MNP.

Disposons l'appareil de manière que le miroir AB soit horizontal; mettons le curseur *s* en un point quelconque de la circonférence; regardons dans le miroir AB l'image du trou de ce curseur, et plaçons notre œil près de la circonférence de manière que cette image nous paraisse sur la ligne TI, tracée sur le miroir; soit *o* le point où se trouve l'œil pour remplir cette condition, fixons y le second curseur; de manière qu'en regardant à travers le trou dont il est percé, on aperçoive sur TI l'image du trou S. Pour réussir, il suffit de disposer l'appareil de manière à recevoir la lumière des nuées par ce dernier trou. Il est évident que les rayons lumineux qui entrent par *s* suivant S*s*I sont réfléchis spéculairement en I, suivant la droite IO.

1° Mesurons la distance du point I au centre T, nous la trouverons exactement égale à la distacce des trous *s* et *o* au plan du cercle MNP; ce qui donne cette première loi:

Le rayon incident SI, *et le rayon réflé-chi* OI *sont dans un même plan perpen-diculaire à la surface réfléchissante* AB.

2₀ Les arcs E*s*, OF mesurent respective-ment les angles que les rayons incidens et réfléchis font avec la surface AB; or, dans toutes les positions des curseurs, ces deux arcs sont égaux entre eux, c'est à dire que toujours *le rayon incident et le rayon ré-fléchi font avec la surface réfléchissante des angles égaux.* Élevons au point I la perpendiculaire I*n* sur la surface réflé-chissante AB. Cette droite est dite normale à AB au point I. Les angles d'incidence et de réflexion SI*n*, OI*n* complémens des angles *c*IS *f*Io seront égaux. On déduit de là cette autre loi générale de la catop-trique :

L'angle d'incidence est égal à l'angle de réflexion.

31. *Réflexion de la lumière sur les sur-faces courbes.* Si la surface AB, au lieu d'ê-tre plane était courbe, concave ou convexe, les mêmes lois existeraient encore. Mais alors il faudrait concevoir un plan tangent

au point d'incidence, et la réflexion aurait lieu suivant un plan perpendiculaire à celui-ci. La normale serait la droite perpendiculaire au plan tangent au point d'incidence.

32. *Théorie des miroirs.* Les lois de la réflexion spéculaire rendent parfaitement compte des phénomènes des miroirs plans ou courbes.

Miroirs plans. Soit S un point lumineux (*fig.* 16), le rayon Sm réfléchi en m suivant mo prendra une route telle qu'il paraîtra venir directement de S', point situé derrière le miroir AA' sur la perpendiculaire SnS' à la surface, abaissée du point S et à une distance $S'n = Sn$. Car l'angle SmA égalant omA' ou AmS', les triagles Smn, $S'mn$ sont égaux, d'où $Sm = S'm$. Un œil placé en OO' devra donc être affecté comme si le point S était en S', car si OO' est la largeur de la pupille, elle recevra le cône lumineux brisé $OmSm'O$ comme s'il venait directement de S'.

Si le corps rayonnant a des dimensions plus ou moins considérables, au lieu d'être un point unique, il sera vu derrière le miroir dans une situation symétrique à celle qu'il a réellement par-devant. En effet, soit *o* la position de l'œil, (*fig.* 17), les rayons partis du corps S*s* et réfléchis par AA′ seront reçus sur la rétine de manière que les angles A*m*S et A*n*S faits avec le miroir par ceux qui partent des extrémités S et *s*′ du corps soient respectivement égaux aux angles A′*mo* et A′*no* faits avec le même miroir par les mêmes rayons réfléchis en *m* et *n*. Ce qui exige que ces rayons paraissent venir d'un corps S′*s*′ égal en dimensions à S*s*, et placé dans la situation S′*s*′ comme l'indique la figure, qui est bien symétrique à la première. Car pour trouver la position des images *s*′ et S′, il suffira de prendre S*r* = S′*r* et *sr*′ = *s*′*r*′ sur les perpendiculaires abaissées de S et *s*′ sur le plan du miroir. Il en est de même de tous les points intermédiaires.

Voilà toute la théorie des miroirs plans, conséquence des lois de la réflexion et indépendante de toute hypothèse particulière sur la nature de la lumière.

33. Voici plusieurs résultats remarquables déduits de cette théorie.

1° *Les images qui se peignent dans l'eau
doivent paraître renversées.* En effet, soit
l'objet vertical ST, et AA′ la surface réfléchissante horizontale (*fig.* 18), des rayons
partis des divers points S,M,N de cet objet, pourront arriver à l'œil O en suivant
la route S*no*, M*mo*, T*o*, comme s'ils venaient
des points S′, M′, T. L'image de cet objet
sera donc TS′.

2° *Lorsqu'on regarde dans un miroir incliné de* 50° *cent. l'image d'un objet vertical est horizontale.* Soit AA′ le miroir incliné sur l'horizon PQ d'un angle de 50°
(*fig.* 19), soit S*s* l'objet vertical, *o* la position de l'œil; les rayons partis de l'objet
arriveront en O en suivant la direction
SMO, *s*M′O, comme s'il venaient directement de S′ et *s*′, et comme pour avoir la
position de l'image, il faut prendre SN =
S′N et *s*N′ = *s*′N′, on aura S′*s*′ parallèle
à PQ.

3° *Lorsqu'on regarde dans un miroir
incliné encore de* 50°, *l'image verticale pa-*

raît horizontale. La figure 20 rendra compte de ce phénomène, si on a bien compris la construction précédente. S*s* est l'objet, AA′ le miroir, PQ l'horizon, O la position de l'œil, SMO, *s*M′O la direction réelle des rayons, S′*s*′ l'image verticale de l'objet horizontal S*s*.

4° *Lorsqu'on se regarde dans un miroir vertical pour voir son image entière, il faut que le miroir ait au moins la moitié de votre taille.* En effet, les rayons extrêmes SA et *s*A′ sont réfléchis en A et A′, et arrivent à l'œil en O comme s'ils venaient directement de S′, *s*′, mais le miroir, l'image et l'objet sont parallèles, et la distance de S*s* au miroir AA′ égale la distance de S′*s*′ au même miroir, on a donc OA′ $=$ A′*s*′, d'où AA′ égale la moitié de S′*s*′ ou de S*s*. Actuellement si le miroir était plus grand que AA′, à plus forte raison se verrait-on en entier; mais s'il était moindre que AA′ les rayons extrêmes SA, *s*A′ ne parviendraient pas à l'œil, n'étant pas réfléchis sur le miroir.

5° *Deux miroirs parallèles ou plus ou moins inclinés et placés l'un devant l'autre offrent une multiplicité d'images, des objets intermédiaires.* Si l'œil est en N, (*fig.* 22) un point lumineux en M, et les miroirs en AB et AC, on apercevra des images de ce point successivement en M′, M″, produites par le rayon MON réfléchi en O, et qui semble venir de M′, et par le rayon M*a′b*N réfléchi sur les deux miroirs AB, et AC en *a* et *b′*, et qui semble venir de M″, et ainsi de suite. On verrait de même des images en *m′*, *m″*, etc.

Si les glaces sont parallèles, les images renvoyées d'une glace à l'autre se multiplient à l'infini, ce qui produit une apparence de galerie dans la profondeur des deux glaces. Car, soit AB(*fig.* 23) et CD les deux glaces, M un point lumineux, O la position de l'œil, le rayon M*m*O donnera une image en M′, le rayon M*m′m″o* en donnera une en M″ et ainsi de suite. En commençant une construction analogue sur CD, on aura une image en M‴ et M⁗, etc. Ce qu'on dit pour le point M sera aussi pour tous ceux qui sont entre les glaces AB et CD; on verra donc en *ab* une image de AB; en *cd* une de CD et ainsi de suite.

6° *Multiplicité des images produites par une glace ordinaire un peu épaisse.* Soit AB et A′B′ les faces parallèles de la glace (*fig.* 24), SO un rayon incident. Il sera en partie réfléchi spéculairement suivant OS′; mais la glace étant transparente, une partie de ce rayon la pénétrera et viendra jusqu'à la face A′B′ suivant une direction *oa* que nous déterminerons chap. 3. Ce dernier rayon sera réfléchi en *a*, et arrivé en O′, il sera encore réfléchi en partie suivant *o′a′* et réfracté suivant *o′s″* parallèle à oS′. Or, la partie *o′a′* sera elle-même réfléchie en *a′*, et donnera en *o″* un nouveau rayon extérieur *o″S‴* et un rayon intérieur réfléchi *o″a″*, et ainsi de suite jusqu'à ce que la lumière soit entièrement affaiblie. Mais plus ces rayons seront obliques sur la surface réfléchissante, plus la réflexion spéculaire sera grande et plus on aura de rayons *oS′*, *o′S″*, *o″S‴*, etc. ; et comme chacun de ces rayons peut produire une sensation du point lumineux S, on verra d'autant plus d'images de ce point qu'on regardera dans une direction plus

inclinée. Actuellement, si le corps rayonnant a des dimensions plus ou moins éten-
dues, il arrivera que les images multiples
empiéteront les unes sur les autres, en
sorte qu'aucune d'elles ne sera bien nette,
ni bien finie. Voilà un inconvénient de se
servir dans les opérations délicates de miroirs de glace. On doit leur préférer les miroirs métalliques ou à leur défaut une
glace noircie à sa seconde surface; par ce
moyen les rayons qui pénètrent sont ab-
sorbés et non réfléchis, et la première face
est le seul réflecteur. On verra plus loin la
cause de l'absorption des rayons par la
couleur noire.

34. *Miroirs convexes et concaves.* On a
vu qu'un rayon réfléchi sur une surface
courbe prend une direction telle que les
angles d'incidence et de réflexion faits avec
la normale sont égaux. Cette loi servira
dans tous les cas à trouver la direction du
rayon réfléchi. Nous ne nous occuperons
que des miroirs sphériques les seuls en
usage, et qu'on sache construire avec facilité. Soit (*fig.* 25 et 26) MNM' cette sur-

face sphérique réfléchissante dont C est le centre, la première convexe et la seconde concave. Supposons que MN $=$ M'N, la droite AB qui passe par le centre de la sphère sera dite *axe* du miroir et N son centre. Les rayons *so*, *so'*, *so''* partis d'un point rayonnant *s* qui est sur l'axe, seront réfléchis par le miroir suivant *or*, *o'r'*, *o''r''*. Dans ce cas les normales sont les rayons *noc*, *n'o'c*, *n''o''c* prolongées. Si le point *s* était hors de l'axe on déterminerait par une construction analogue la direction du rayon *s* réfléchie.

Les miroirs sphériques ne donnent d'images nettes que dans le cas où les rayons lumineux tombent presque perpendiculairement sur leur surface ; il faut donc que celle-ci ne comprenne qu'un petit nombre de degrés de la sphère sur laquelle le miroir est travaillé, et que le rayon incident mené au centre du miroir soit presque parallèle à l'axe.

35. *Du foyer principal.* Les rayons So (*fig.* 27 et 28) parallèles à l'axe du miroir seront réfléchis suivant *or* et se couperont

'tous à peu près en F, milieu de NC. Le point
F est appelé foyer principal, et NF la distance focale principale. On ne considère ici
que les rayons parallèles et voisins de l'axe.
Dans le cas du miroir concave le foyer principal est par-devant (*fig.* 28). Mais dans
le cas du miroir convexe (*fig.* 27), il n'est
que fictif et placé par-derrière.

36. *Foyer particulier, caustiques.* Si deux
rayons incidens assez éloignés de l'axe ne
lui sont pas parallèles, ni parallèles entre
eux, ils se couperont en un point plus ou
moins éloigné du foyer principal qui sera leur foyer particulier (*fig.* 29 et 3o).
Soit So ces rayons, ils se couperont en *f*
après leur réflexion ; voilà leur foyer particulier. Considérons actuellement une
suite de rayons infiniment voisins, tous
leurs foyers particuliers réunis engendre-
ront une courbe appelée *caustique* par réflexion. On détermine par le calcul son
équation, et par suite sa nature et sa position. Elle a un point de retroussement sur
la droite qui joint le centre de la sphère et
le point rayonnant, et chaque rayon réflé-

chi lui est tangent. On a une caustique particulière pour tous les points rayonnans. Nous n'entrerons dans aucun détail sur le calcul des caustiques. Dans le cas des rayons parallèles à l'axe, le point de rebroussement de la caustique est sur cet axe lui-même.

37. *Déterminer l'image d'un objet vu par réflexion au moyen d'un miroir convexe sphérique.* On cherchera les caustiques de chaque point du corps radieux, et en leur menant des tangentes par l'œil, on aura à chaque contact la position de l'image du point qui forme la caustique, cette image sera derrière le miroir, et l'ensemble des images de tous les points sera l'image de l'objet. Elle est en général plus petite que l'objet et plus ou moins deformée suivant la position de l'œil, de l'objet et la plus ou moins grande convexité du miroir. Mais on remédie à cet inconvénient en ne considérant que les rayons dont le point de départ est assez éloigné, et qu'on peut pour cela regarder comme sensiblement parallèles.

38. *Déterminer les limites des caustiques pour un miroir concave sphérique, et
par suite l'image d'un corps vue au moyen
d'un tel miroir.*

Si le point radieux est au-delà du centre
de la sphère, la caustique sera entre ce
point et le miroir, elle s'éloignera successivement du miroir à mesure que le point
radieux en approchera. Si le point radieux
arrive au centre de la sphère, la caustique
se réduira à un point qui est le centre lui-
même : en effet, à ce point tous les rayons
réfléchis reviennent sur eux-mêmes et se
coupent tous au centre. Si le point lumineux
vient se placer entre le centre de la sphère
et le miroir, la caustique sera au-delà de
ce centre, et ses deux branches se sépare-
ront lorsque le point radieux sera au foyer
principal; mais si point lumineux à partir
de là approche de plus en plus du miroir,
la caustique ne sera plus devant le miroir,
mais derrière; son point de rebroussement
approchera de plus en plus, et finira par
être sur la surface même du miroir, lorsque le point radieux y sera lui-même.

On peut rendre tous ces faits évidens en
construisant une figure pour chaque cas,
ou par expérience en présentant une petite
bougie allumée devant un miroir concave,
en la plaçant dans les diverses situations
indiquées ci-dessus, et en recevant les caustiques sur un verre dépoli.

Quant à la position de l'image, on la
trouvera au moyen des caustiques comme
dans le cas d'un miroir convexe, et il en
résultera que

1° Si l'objet est placé entre le foyer prin
cipal et le miroir, et l'œil au-delà du centre
de la sphère, l'image sera derrière le miroir et amplifiée. Si l'œil approche, on apercevra sur les côtés une autre image renversée, un peu confuse en avant du miroir,
quelquefois ces deux images seront visibles;

2° Si l'objet est entre le centre de la
sphère et le foyer principal, on verra une
image renversée, un peu déformée au-delà
du centre. Observons que pour l'apercevoir entière, le miroir doit être un peu
grand, et l'œil placé de manière à pouvoir
mener des tangentes à toutes les caustiques;

3° Si l'objet est au centre de la sphère il se confond plus ou moins avec son image;

4° Si l'objet est au-delà du centre, l'œil verra l'image devant le miroir entre le centre de la sphère et sa surface, elle sera renversée et rétrécie.

On pourra rendre tous ces faits évidens en construisant une figure pour chaque cas, ou en les vérifiant par expérience au moyen d'un miroir concave.

39. *Les miroirs prismatiques, cylindriques, coniques, pyramidaux*, etc., sont de pures curiosités. On s'en sert pour réfléchir régulièrement l'image d'un objet déformé, mais dessiné à cet effet. (*Voyez la formation de ces miroirs et la construction des dessins dans les récréations physiques et mathématiques, par Guyot, t. II.*)

40. *De l'héliostat.* Les rayons lumineux n'arrivent qu'obliquement dans la chambre obscure, en sorte qu'on ne peut opérer sur eux que dans une petite étendue, et encore pendant peu de temps à cause de la non stabilité du soleil causée par le mouvement diurne de la terre. On remédie à

tout cela avec un héliostat, machine inventée par S'Gravesande. Elle est composée d'un miroir métallique qui réfléchit les rayons solaires dans une chambre obscure et dans une direction horizontale. Une horloge est adaptée à l'appareil. Son mouvement est combiné avec celui du soleil, elle fait marcher le miroir de manière à ce que les rayons solaires soient toujours réfléchis horizontalement.

CHAPITRE III.

————◦◦◦————

41. *Phénomène fondamental.* Faisons tomber un rayon lumineux sur la surface d'un corps diaphane. S'il est dirigé suivant la normale, il continuera sa route en ligne droite; mais, s'il est plus ou moins incliné, il changera de direction d'après certaines lois que nous allons étudier par les expériences suivantes.

EXPÉRIENCE I. Soit AB et AO (*fig.* 31) deux surfaces perpendiculaires l'une à l'autre, SO la direction d'un rayon lumineux, l'ombre de A*o* projetée sur AB sera AC. Plaçons actuellement dans l'angle OAB une caisse A*efg* parallélépipède rectangle remplie d'eau. L'ombre de *go* sur la surface *gf* supérieure de l'eau sera *g*M, et comme les rayons lumineux continuent leur route dans l'eau, si leur direction ne variait pas cette même ombre projetée sur le plan inférieur de la caisse serait toujours AC, mais au contraire elle est diminuée et finit en *a*. Donc le rayon SM paraît s'infléchir au point M d'incidence, s'approcher de la normale *nn'* en suivant la direction M*a*. Si le parallélépipède A*efg*, au lieu d'être d'eau, était de verre ou de toute autre substance transparente, le rayon SM changerait encore de direction, mais l'écart varierait plus ou moins et dépendrait uniquement de la nature de la substance *réfringente*. Il pourrait même arriver que le rayon, au lieu de s'approcher de la normale, s'en éloignât. Chose qui va être justifiée par l'expérience suivante.

Expérience ii. Soit ABCD (*fig.* 32) un vase dans lequel nous plaçons une pièce de monnaie O. Tant que l'œil sera dans l'angle S*o*S, il verra cette pièce, mais hors de cet angle elle disparaîtra pour lui. Remplissons actuellement ce vase d'eau ou de tout autre liquide, la pièce O deviendra visible dans un cône plus ouvert S'O'S', en sorte que l'œil étant en S' verra la pièce en O'. Cependant le cône DOC des rayons partant du point O doit être toujours le même jusqu'en C et D; il faut donc qu'en ces points les rayons se courbent suivant S'C, S'D. Ce qui fait voir qu'en passant de l'eau dans l'air ils s'éloignent des normales CN et D*n* à la surface CD.

EXPÉRIENCE III. Prenons un bâton PQ bien droit (*fig.* 33), plongeons-le dans le vase ABCD plein d'eau, et dans une direction inclinée. Il paraîtra rompu en R et avoir la forme PRQ'. Pour concevoir ce phénomène, supposons l'œil en O, il aperçoit l'extrémité Q du bâton en Q', comme s'il recevait le rayon dans la direction OMQ'. Mais ce rayon part réellement du point Q et suit la route QMO, et si on mène la normale NM, on en conclut qu'il se brise en M en s'éloignant de cette droite. Ce qu'on dit du point Q est applicable à tous les points situés entre Q et R, qui paraissent alors plus élevés qu'ils ne sont réellement. Le bâton paraîtra donc rompu en R. L'écart des rayons au sortir de l'eau dans l'air est donc la cause du phénomène.

42. *Conséquences des expériences précé-*

6

dentes. Mesurons (*fig.* 31) les deux projections AC et A*a* de l'ombre produites par l'expérience I; ainsi que la ligne *g*M; nous en déduirons R*a*, RC; nous connaissons d'ailleurs MR : nous avons donc des données suffisantes pour déterminer les angles RM*a*, RMC, ou leur opposé au sommet QM*n*, PM*n*. Nous trouverons d'abord que R*a*, R*c* sont sur une même droite ou que M*a*, SMC sont dans un même plan normal à la surface *gf*. Il résulte de là cette première loi :

1° *Le rayon incident et le rayon réfracté sont toujours dans un même plan normal à la surface commune des deux milieux.*

Décrivons, avec le rayon des tables PM, l'arc P*n*; prolongeons M*a* jusqu'en Q, et menons les sinus PP′ QQ′ des angles d'incidence et de réflexion PM*n*, QM*n*. Nous trouverons toujours le même rapport entre ces deux lignes quelle que soit l'inclinaison du rayon incident, pourvu que les milieux soient constans. Si le premier milieu est d'air, le second d'eau, on aura $\frac{PP'}{QQ'} = \frac{4}{3}$ si donc on mène *q*Q perpendiculaire à PP′

on aura $Pq = \frac{1}{4} PP'$, quelle que soit l'incidence du rayon SM. Mais si le rayon incident
passait de l'air dans le verre, du verre dans
l'eau, on trouverait $\frac{3}{2}$, $\frac{9}{8}$ pour les valeurs du
rapport $\frac{PP'}{QQ'}$. Ces valeurs seraient inverses si
les rayons passaient de l'eau ou du verre
dans l'air, de l'eau dans le verre. On dit
alors que l'eau est plus réfringente que l'air
et que le verre, le verre plus que l'air, et
on est conduit à cette seconde loi :

2° *Le rapport des sinus des angles de
réfraction et d'incidence est toujours constant pour les mêmes milieux, quelle que
soit l'inclinaison du rayon incident.*

43. Le rapport $\frac{PP'}{QQ'}$, est dit rapport de
réfraction; il dépend de la nature chimique
des corps, mais les plus denses sont en général les plus réfringens. Cependant l'esprit
de vin, l'huile, les corps combustibles le
sont beaucoup, il en est de même du dia-
mant et de l'eau. Ceci fit penser à Newton
que ces derniers corps pourraient bien ren-
fermer un principe combustible, et cela un
siècle avant qu'on eut reconnu leur nature
chimique.

Les mêmes phénomènes ont lieu lorsque

la lumière passe du vide dans un milieu réfringent et réciproquement de celui-ci dans
le vide.

44. Sans entrer dans les détails des expériences faites pour trouver le rapport de
réfraction de chaque corps en particulier,
nous dirons seulement qu'on se sert à cette
fin de prismes construits avec la substance
soumise à l'expérience. Quant aux liquides
et aux gaz on les introduit dans des vases
prismatiques creux. Les gaz étant peu réfringens, on est obligé pour eux d'agran-
dir beaucoup les dimensions du prisme.
Voyez, dans les œuvres de Biot, toutes les
précautions à prendre pour faire ces expériences avec précision.

45. *Mais comment avec un prisme a-t-
on pu trouver le rapport de réfraction.* Les
expériences suivantes vont éclaircir ce fait.

Expérience iv. Soit ABA′B′ (*fig.* 34) un
milieu quelconque, un morceau de verre,
par exemple, dont AA′ est l'épaisseur, et soit
AB parallèle à A′B′. Supposons qu'en-delà
des surfaces planes AB et A′B′ qui terminent ce milieu, soit un autre milieu moins
réfringent, de l'air, par exemple. Si on fait

arriver obliquement le rayon lumineux Sm,
il traversera le verre en se réfractant en m
et m', et la nouvelle direction $s'm'$ sera parallèle à l'ancienne. Ceci est une conséquence
des lois de la réfraction, car menons les
normales no, $n'o'$, ces deux droites et le
rayon $smm's'$ seront dans un même plan
perpendiculaire aux surfaces AB, A'B'. de
plus les angles $m'mo$, $mm'o'$ étant égaux,
les angles nms, $n'm's'$ le seront aussi; donc
$s'm'$ sera parallèle à sm.

EXPÉRIENCE V. Au lieu de prendre un
milieu ABA'B' dont les faces soient parallèles, supposons (*fig.* 35) que A'B' soit
incliné sur AB ; faisons arriver un rayon sm
obliquement à AB. Sa marche dans le verre
sera mm', et il ressortira dans l'air suivant
$m's'$, direction encore plus écartée de la
primitive que mm'. Ce résultat donné par
l'expérience est encore une conséquence des
lois de la réfraction : en effet, soit no, $n'o'$
les normales menées aux points m et m'
d'*immersion* et d'*émergence*, ces droites et
les rayons sm, mm', $m's'$, seront dans un
même plan normal aux surfaces AB , A'B'

mais l'angle *nms* doit être plus grand que l'angle *m'mo*; et comme AB, A'B' ne sont pas parallèles, *no*, *n'o'* devront se rencontrer en *i* du côté de *mm'* opposé au point A et A' ou convergent les droites AB, A'B'; alors le rayon émergent *m's'* sera du côté de *n'o'* opposé à *mm'*, et de telle sorte que l'angle *mm'o'* soit plus petit que *n'm's'*. Ce qui prouve bien pourquoi dans ce cas le rayon émergent prend une direction encore plus écartée de sa direction primitive. Ainsi un œil placé en *s'* doit voir le point lumineux *s* en *s''*.

EXPÉRIENCE VI. Il est facile actuellement de trouver le rapport de réfraction pour une substance quelconque. Soit ABC (*fig.* 36) un prisme de la substance en question, S un objet rayonnant, O la position de l'œil. Le rayon S*m* d'abord réfracté en *m*, ensuite en *m'* parviendra à l'œil suivant *m'*O; mais en même temps le rayon SO pourra y parvenir directement, en sorte qu'on apercevra l'objet double, d'abord en S, ensuite en S'. Or, avec un instrument, on pourra mesurer l'angle S'OS et l'angle *m*SO, alors les angles O*m'*B, S*m*C seront connus:

ces données suffiront pour trouver les angles *omm'*, *o'm'm*, et de là le rapport de réfraction. (*Voyez la physique de Biot.*)

RAPPORT DU SINUS D'INCIDENCE AU SINUS DE RÉFRACTION POUR PLUSIEURS SUBSTANCES ET TEL QU'IL A ÉTÉ DÉTERMINÉ PAR NEWTON.

NOMS ET NATURE DES SUBSTANCES RÉFRINGENTES.	RAPPORT DE RÉFRACTION pour la lumière jaune *.		
Une fausse topaze (sulfate de baryte)	23	à	14
L'air.	3201	à	3200
Le verre d'antimoine.	17	à	9
Une sélénite (sulfate de chaux).	61	à	41
Le verre commun.	31	à	20
Le cristal de roche.	25	à	16
Le cristal d'Islande.	5	à	3
Le sel gemme (hydro-chlorate de soude)	17	à	11
L'alun (sulfate de potasse).	35	à	24
Le borax (borate de soude).	22	à	15
Le nitre (nitrate de potasse).	32	à	21
Le vitriol de Dantzick (sulfate de fer).	303	à	200
L'huile de vitriol (acide sulfurique).	10	à	7
L'eau de pluie.	529	à	396
La gomme arabique.	31	à	21
L'esprit de vin bien rectifié.	100	à	73
Le camphre.	3	à	2
L'huile d'olive.	22	à	15
L'huile de lin.	40	à	27
L'esprit de térébenthine.	25	à	17
L'ambre.	14	à	9
Le diamant.	100	à	41

* On entend par lumière rouge, jaune, violette, etc., celle qui excite en nous la sensation de ces couleurs. Ceci sera éclairci dans le chapitre suivant. On suppose dans ce tableau que la lumière passe du vide dans la substance citée.

CHAPITRE IV.

46. Lorsque le milieu réfringent est terminé par une surface courbe, les lois de
la réfraction sont encore les mêmes, mais
alors la normale au point d'incidence est
une perpendiculaire au plan tangent mené
à la surface au même point d'incidence.

On se sert beaucoup en optique de verres
terminés par des surfaces sphériques et
qu'on appelle lentilles sphériques; c'est en
eux seulement que nous étudierons la réfraction dans un milieu terminé par une
surface courbe.

47. *Lentilles sphériques.* La figure 37
présente un exemple de chaque espèce
de lentilles. On y voit que ces verres peu-

vent être; 1° Doublement convexe; 2° plan convexe; 3° concave convexe; 4° plan concave; 5° doublement concave. Dans tous les cas A'A" qui passe par les centres des sphères que forme la lentille est l'axe de la lentille. On peut considérer une lentille comme un assemblage de prismes dont l'angle réfringent d'abord nul sur l'axe va continuellement en augmentant. Dans le cas des lentilles a, b, c, la base des prismes serait tournée vers l'axe, tandis que dans le cas des lentilles d, c, f, elle lui serait opposée. Et comme un prisme par deux réfractions successives (n° 45) éloigne les rayons de son sommet et semble les attirer vers la base, les premières lentilles feront converger les rayons les uns vers les autres, et vers son axe, et seront dites *convergentes*, tandis que les secondes écarteront les rayons les uns des autres et de l'axe, et seront dites *divergentes*.

48. *Des caustiques par réfraction.* 1° Soit MN une lentille (*fig.* 38), convexe des deux côtés ou convergente. Si un faisceau de rayons S arrive sur elle parallèlement

à l'axe, il est evident, d'après les lois connues de la réfraction, que ces rayons après deux réfractions successives approcheront de l'axe. Or, ceux qui sont voisins de cet axe se couperont tous à peu près sur lui en un même point F qu'on appelle *foyer principal*. Mais l'intersection de deux rayons voisins sera d'autant plus éloignée de F, que ces rayons le sont eux-mêmes de l'axe de la lentille, et la suite de tous ces points forme une courbe appelée *caustique par réfraction*.

2o Si la lentille est de la seconde espèce doublement concave, par exemple (*fig.* 39), les rayons parallèles S après l'avoir traversée seront divergens, et se rendront en S'; ils ne se rencontreront donc pas après leur réfraction. Il n'y aura point de caustique réelle, ni de foyer principal; mais si on prolonge les directions des rayons refractés de l'autre côté de la lentille, elles détermineront une caustique et un foyer principal F fictif, en sorte que ces rayons paraîtront venir de chacun des points de cette caustique. Le calcul de ces courbes est d'un grand usage en optique.

49.Quand on veut concentrer des rayons en un foyer on se sert de lentilles convergentes. Mais comme les rayons non voisins de l'axe ne passent pas près du foyer principal et ne s'y concentrent pas, on les intercepte par un plan circulaire percé à son centre et qu'on appelle *diaphragme*. Il ne passe ainsi à travers la lentille que les rayons voisins de l'axe, et peu inclinés à cet axe, surtout si le point rayonnant est assez éloigné.

50. Nous verrons, iv *partie*, le moyen de déterminer les images données par les lentilles divergentes et convergentes, et l'usage qu'on peut en faire pour corriger la vue et construire plusieurs instrumens très importans. Nous dirons seulement ici comment on peut perfectionner la chambre obscure avec une lentille.

Plus la surface d'une lentille convergente de la première espèce est convexe, plus son foyer est court. Si donc on enchâsse au volet de la chambre obscure un verre lenticulaire d'un court foyer, on pourra produire dans l'intérieur de l'appartement un point lumineux plus ou moins éclatant, qui serait un point unique sans les dimensions du soleil. Si la distance focale est de 10 millimètres on trouve que le point lumineux n'a que 0^{mm}, 102 ou $\frac{1}{10}$ de millimètre environ , * qu'on peut bien regarder comme un point unique. Les effets

---

* Voici le calcul qui me donne $\frac{1}{10}$ de millimètre. Supposons avec M. Fresnel, que le diamètre apparent du soleil soit de 35' (*Supplément à la chimie de Tompson*, pag. 9). Soit SS' ce diamètre (*fig.* 40), MN la lentille de 10^{mm} de foyer. Le faisceau parti de S aura son foyer en b, et le faisceau parti de S' l'aura en a. En sorte que Ab $=$ Aa $=$ 10^{mm}, et l'angle aAb $=$ 35' ou le diamètre apparent du soleil. Menons Ac perpendiculaire à ab, le triangle rectangle Abc donne $\frac{bc}{Ab}$ $=$ $\frac{\sin bAc}{\sin A}$ ou $\frac{bc}{R}$ $=$ $\frac{\sin 11'30''}{R}$ d'où log. bc $=$ log 10 $+$ log sin 11 30'' — 10 $=$ 1 $+$ 7, 7067623 — 10 $=$ 0,706-623 — 2 $=$ log 0,050905 donc bc $=$ 0,051 à moins d'un millième près et par suite ab $=$ 0,102, ou 0,1, à moins d'un centième près. Valeur double de celle qu'on trouve dans l'ouvrage cité où il y a sans doute une erreur de calcul.

de la chambre obscure seront agrandis, et perfectionnés par ce moyen.

Nous pouvons actuellement donner une idée des diverses parties constituantes de l'œil.

51. *Description de l'œil.* L'œil dans les animaux les mieux organisés est une masse à peu près sphérique, un peu aplatie au-devant. Il est formé de plusieurs tuniques, d'humeurs, de muscles, des glandes, de paupières, etc.

1° *Tunique de l'œil.* Les tuniques de l'œil sont disposées les unes sur les autres. On en compte trois principales la *schléro-tique* AB A'B' qui est la plus extérieure et forme le blanc de l'œil (*fig.* 40 *bis*); c'est la plus dure: sa partie antérieure ACA' est transparente, on la nomme cornée; la *cho-roïde* EF F'E' qui est percée d'une ouver-ture antérieure nommée *prunelle;* la forme de la prunelle varie dans les divers ani-maux; enfin la rétine, GH H'G', qui tapisse toute la surface intérieure de l'œil. La rétine est une expansion du nerf optique; elle com-munique au cerveau, centre de toutes les sensations. Il paraît que la rétine reçoit les sensations que lui imprime la lumière, et les transmet au *sensorium*.

2° *Humeurs de l'œil*. L'œil est rempli de trois humeurs, l'humeur aqueuse, le cristallin et l'humeur vitrée. La première est entre la cornée transparente et le cristallin. Celui-ci est une lentille R transparente comme du verre; l'humeur vitrée vient après le cristallin, elle est dans la dernière cloison de l'œil. Elle est visqueuse, sa réfringence égale à peu près celle de l'eau.

3° *Des muscles* sont destinés à faire mouvoir le globe de l'œil.

4° *Des glandes* sécrètent diverses humeurs, parmi lesquelles sont les larmes.

5° *Des paupières* couvrent la partie antérieure du globe de l'œil, et servent à le préserver des objets extérieurs; elles sont armées de *cils* ou poils qui s'opposent à l'approche des poussières et des corps légers.

52. L'œil n'est autre chose qu'une chambre obscure armée d'une lentille. Les rayons lumineux traversent la pupille, l'humeur

aqueuse, le cristallin où ils se croisent et l'humeur vitrée. Ils vont peindre ensuite les objets sur la rétine. Mais pour que les images soient nettes, il faut que le foyer principal tombe sur la rétine même, chose qui n'arrive pas toujours. C'est pour cela que nous ne voyons que confusément les objets trop loin ou trop près de nous. Nous reviendrons sur ces observations dans la quatrième partie.

53. L'œil est disposé de manière à pouvoir se contracter et se dilater selon les circonstances. Veut-on regarder de loin, il s'aplatit, la cornée devient moins bombée, et la rétine se rapproche du cristallin et vient se mettre au foyer des rayons qui est plus court. Alors la prunelle se dilate, et il y pénètre beaucoup plus de rayons lumineux. Veut-on regarder de près, le globe de l'œil s'alonge, la rétine s'éloigne du cristallin, et la prunelle se resserre et ne laisse pénétrer que peu de rayons.

Cette contraction de la prunelle a lieu encore au grand jour, et la dilatation dans l'obscurité. Ce qui explique l'éblouissement.

qu'on éprouve en passant de l'obscurité au grand jour, et pourquoi, en venant du grand jour et en entrant dans un appartement un peu obscur, on se croit dans une grande obscurité.

54. *La lumière ne produit pas une action instantanée sur l'œil.* En effet : faites mouvoir assez vite un charbon allumé, vous apercevrez comme un ruban de feu. Regardez fixement un corps coloré pendant long-temps, et fermez les yeux, vous conserverez encore la sensation de la même couleur. Voilà pourquoi un corps qui se meut extrêmement vite, et qui par cela même n'a pas le temps de produire en nous une sensation, est invisible pour nous.

55. L'image peinte sur la rétine ne nous avertit pas si l'objet qui la produit est une surface plane ou un corps en relief, car nous ne trouvons dans notre œil aucun moyen d'estimer la distance et de distinguer les inégalités des corps. Mais ici les autres sens viennent au secours de la vue, et par l'habitude que nous prenons de la modifier par le toucher, nous rectifions les er

reurs que le premier de ces sens pourrait produire. Les personnes, à qui on a fait depuis peu l'opération de la cataracte croient que tous les objets touchent leurs yeux, que ces objets sont dessinés sur un grand tableau, enfin elles sont sujettes à se tromper sur presque tous les effets de la vision.

56. L'organe de la vision n'est pas aussi parfait chez tous les animaux. Ceux à sang rouge l'ont à peu près constitué comme celui de l'homme dont on vient de parler. Plusieurs quadrupèdes et plusieurs oiseaux de nuit ont la pupille en forme de fente longitudinale pendant le jour, et qui s'élargit et devient circulaire pendant la nuit.

Chez les oiseaux, l'œil a plus de volume, leur cristallin est plus aplati, ce qui leur facilite le moyen de voir les objets éloignés. Quant à la partie antérieure, elle est tantôt plate, tantôt en forme de cône tronqué. Dans les poissons l'humeur aqueuse est nulle, elle est très abondante chez les oiseaux, et en moyenne quantité chez les mammifères.

Les insectes ont pour organe de la vision une cornée lenticulaire derrière laquelle

*

s'épanouissent des filets nerveux. Leurs yeux sont quelquefois très gros, et ronds, d'autres fois à petites facettes qui sont toutes autant d'yeux; on en voit qui n'ont pour yeux que de petits points, etc.

Enfin certains animaux paraissent privés du sens de la vue, ou pour mieux dire, on n'a pu découvrir encore en eux aucune trace d'yeux. Mais la nature les a dédommagés de cette privation en rendant chez eux le tact ou le sens du toucher d'une sensibilité exquise.

On peut consulter pour plus de détails *la physique de Biot*, et *l'anatomie comparée de Cuvier*.

CHAPITRE V.

DISPERSION DE LA LUMIÈRE OU CHROMATIQUE.

———

57 On a déjà vu qu'en regardant à travers un prisme triangulaire diaphane, les
objets ne paraissent plus à leur véritable
place, et que leurs images sont rapprochées
du sommet de l'angle réfringent. Mais
nous n'avons pas remarqué que ces images
étaient bordées de franges colorées, et s'a-
longeaient dans le sens perpendiculaire
aux arêtes du prisme.

EXPÉRIENCE 1. Que le prisme soit horizontal, son sommet réfringent en haut,
qu'on place sur un drap noir un corps
blanc très mince dans une direction parallèle aux arêtes du prisme; on n'apercevra
plus de blanc dans l'image de l'objet. Cette
image sera beaucoup plus large et divisée
en zones parallèles diversement colorées,

parmi lesquelles on distinguera trois teintes principales, le bleu en haut, le vert au milieu et le rouge en bas. Ces résultats sont indépendans de la nature de la substance observée. L'image est toujours la même, soit qu'on regarde une épingle blanche, un fil d'argent ou de soie blanche, une bande très étroite de papier blanc.

La dilatation de l'image prouve que *tous les rayons émanés d'un même point lumineux, ne suivent pas en se réfractant le même rapport du sinus d'incidence au sinus de réfraction, et que les rayons inégalement réfractés ont la propriété d'exciter en nous la sensation de différentes couleurs.*

EXPÉRIENCE II. Tout étant disposé comme ci-dessus, faites tourner le corps blanc mince, de manière que sa longueur devienne perpendiculaire aux arêtes du prisme; alors le haut de l'image est violette et le bas rouge, et si l'objet est également large partout, là seulement seront les couleurs de l'image, ailleurs elle sera blanche. Cependant la lumière émane de chaque point

de l'objet comme tout à l'heure, et sa modification à travers le prisme doit être la
même, les rayons qui excitent en nous le
rouge doivent être les moins réfractés, et
ceux qui excitent le bleu et le violet doivent l'être le plus, et cela pour chaque point.
Il faut donc que les rayons venus de chaque
point intermédiaire recomposent la blancheur en se superposant. Ce qui fait conclure que la *lumière blanche, n'est que la
réunion d'un certain nombre de rayons
qui, considérés isolément, produisent la
sensation de couleurs diverses, mais qui,
réunis et agissant simultanément sur la
rétine, produisent la sensation du blanc.*

Les résultats précédens sont toujours les
mêmes quelle que soit la substance transparente qui compose le prisme. Déduits de
l'expérience, ils sont aussi indépendans de
la nature de la lumière.

58. EXPÉRIENCE III. Si on soumet à
l'expérience la lumière venant directement des corps lumineux, on arrivera à la
même conclusion. Mais on peut produire
le phénomène dans toute sa beauté de la

manière suivante, et en employant la lumière solaire.

Introduisons un trait de lumière dans la chambre obscure au moyen d'un héliostat. Faisons-le d'abord passer par un simple trou circulaire, et recevons-le sur un carton blanc parallèle au plan du trou. L'image sera circulaire, très brillante et d'une blancheur éblouissante, mais en vertu du diamètre du soleil et du trou, l'intensité de la lumière n'y sera pas égale partout. Elle sera plus vive au centre, et ira en diminuant insensiblement jusqu'aux bords. Cela posé, plaçons près du trou un prisme de verre bien pur de manière que ses arêtes soient verticales ; le faisceau introduit étant horinzontal, tous les rayons réfractés le seront aussi. Recevons l'image du trou ainsi réfracté sur un tableau bien blanc à une distance de cinq ou six mètres; faisons ensuite tourner lentement le prisme autour de son axe; l'image marchera et finira par rester stationnaire, et reviendra ensuite en sens inverse C'est là qu'il faut fixer l'appareil. Dans cette position les angles d'incidence sont égaux à ceux d'émergence. Ce qui exige, si la réfraction est la même pour tous les rayons, que l'image réfractée soit égale à l'image directe, ou qu'elle soit ronde comme celle-ci. Mais au contraire elle présente sur le tableau un spectre coloré oblong terminé par deux demi-cercles et par deux droites horizontales. L'extrémité la plus réfractée est teinte en violet sombre, l'autre extrémité en rouge foncé. Entre le violet et le rouge on voit une infinité de nuances dont les principales sont :

Violet, indigo, bleu, vert, jaune, orangé et rouge.

Le jaune occupe à peu près le milieu du spectre. Tous les prismes de quelque nature qu'ils soient produisent le même phénomène, il n'y a de différence que dans la longueur du spectre, qui provient de la réfraction plus ou moins grande des rayons, et par conséquent de la nature de la substance réfringente. Cet alongement du spectre conduit à cette conclusion :

Tous les rayons qui produisent en nous la sensation de la lumière blanche ne sont pas également réfrangibles.

59. Mais tous ceux qui sont sur la même verticale, dans le spectre le sont également. C'est ce qu'a prouvé Newton en faisant passer à travers un autre prisme les rayons déja réfractés, et il a remarqué que ceux qui le sont également par le premier prisme, le sont également par le second.

La pénombre du trou produit une image dont l'intensité n'est pas la même partout. Newton, pour remédier à cela, imagina de fixer au-devant du trou de la fenêtre, une lentille de verre qui par ses réfractions rassemble en un seul foyer tous les rayons envoyés par chaque point du disque du soleil. Ce qui donne une image circulaire, blanche et sans pénombre. En répétant l'expérience précédente avec un tel appareil, on obtient les mêmes résultats.

Remarquons que, puisque les rayons solaires sont inégalement réfrangibles, leur distance focale ne doit pas être la même pour chacun d'eux en passant à travers une même lentille. Alors tous les rayons rouges doivent se réunir en un point, tous les rayons verts en un autre point différent du

premier, etc. Cette dispersion des foyers a
été long temps un obstacle au perfection-
nement des lunettes. Nous en parlerons plus
loin, *quatrième partie, achromatisme.*

Par rayons rouge, vert, bleu, etc., on
entend ceux qui excitent en nous la sensation de ces couleurs. On appelle aussi rayons
homogènes ceux qui, après la dispersion,
produisent en nous la même sensation.
Ainsi tous les rayons rouges seront homogènes, mais les rayons rouges et verts ne
le seront pas.

60. Expérience iv. La réflexion spéculaire
ou rayonnante n'altère nullement les rayons
homogènes, car prenons un corps d'une
couleur quelconque, exposons-le à une lumière homogène, rouge ou bleue, ou verte,
ou violette, sa couleur sera rouge, bleue,
verte ou violette : toute la différence sera
dans l'intensité de la couleur qui aura toujours la même nature. Ceci paraît prouver
que la couleur d'un corps ne lui est pas in-
hérente, mais vient de la lumière qu'il réfléchit.

61. Expérience v. Recevez sur une len-

8

tille convergente les rayons solaires disper-
sés par le prisme, vous les verrez se réunir
à peu près au même foyer et produire ensemble du blanc. Quoique chaque espèce
de rayon ait un foyer particulier, la réunion totale sera complétée par l'action du
tableau blanc sur lequel on les fait tomber;
car il les réfléchira de toute part comme
ferait un rayonnement direct. Ce qui les
mêle aussi bien qu'ils l'étaient avant leur
dispersion.

On peut en quelque sorte conclure de ce
qui précède que, *quelle que soit la nature
de la lumière, la sensation de blancheur
est le résultat de l'action simultanée de
tous les rayons homogènes du spectre sur
la rétine.*

62. Dans le spectre solaire le rayon
orangé est placé entre le rouge et le jaune,
le vert entre le bleu et le jaune. Or, en
mêlant artificiellement le jaune et le rouge,
on obtient de l'orangé; le jaune et le bleu
produisent le vert. On pourrait conclure
de là qu'il n'y a réellement de couleurs primitives que le rouge, le jaune et le bleu.

Mais avant d'admettre un tel principe examinons attentivement le phénomène; iso-
lons le rayon vert du spectre, et faisons-le
passer à travers un second, un troisième et
quatrième prisme, il ne subira après toutes
ces réfractions aucune variation dans la
couleur, et il sera toujours vert. Au contraire faisons passer à travers un prisme
seulement le rayon vert résultat du mélange jaune et bleu, ces dernières couleurs
reparaîtront après la réfraction, et se peindront séparément sur le carton blanc. Il
en sera de même de toute couleur, résultat
d'un mélange de deux ou plusieurs rayons
donnés par les prismes. Le violet, qu'on
produit avec du rouge et du bleu, se divise
en rouge et en bleu; mais le violet du spectre solaire est toujours violet après plusieurs
réfractions successives à travers plusieurs
prismes, et ainsi des autres. Il y a donc une
différence entre les rayons orangés, verts
et violets venant immédiatement du spectre
solaire, et les rayons orangés, verts, violets
formés par la réunion d'autres rayons. On
voit ici un exemple des moyens de la na-

ture qui arrive au même but par une infinité de routes différentes; outre les couleurs immédiates du spectre solaire que
nous appelons *primitives*, que de nuances
ne produira t-elle pas par les mélanges de
ceux-ci! Observons encore ici que nous
énonçons des faits, sans admettre une nature particulière à la lumière.

63. EXPÉRIENCE VI (*fig.* 41). Soit ABC
un prisme creux à angle variable. Rem-
plissons-le d'eau, et recevons sur sa surface
AB, verticale et fixe, le rayon horizontal S*m*.
Il sera réfracté en *n* et produira le spectre
coloré VR. Augmentons peu à peu l'angle
A en abaissant la face AC qui se meut autour de A comme charnière. Dans toutes
les positions successives de AC, l'angle S*np*
sera moindre que l'angle de réfraction I*np'*.
Il arrivera un point où ce dernier sera
droit, le premier étant toujours aigu. Au-
delà de cette limite, la réfraction disparaîtra et se changera en réflexion. Mais comme
l'effet de la réfraction a été de disperser la
lumière, et que les rayons violets sont les
plus réfractés, ce seront aussi eux qui dis-

paraîtront les premiers; ensuite les bleus, les verts, etc., et les rouges les derniers, parceque ce sont les moins réfractés. Ces rayons étant réfléchis prendront la direction *no*. Mais ce ne seront pas les seuls rayons réfléchis en *n*, car une partie de la lumière blanche qui arrive en ce point suivant *Smn* est réfléchie sous toutes les incidences; donc suivant *no* nous aurons d'abord de la lumière blanche, plus les rayons colorés du spectre VR, dont la réfraction est changée en réflexion. Si on met actuellement un prisme *abc* pour disperser les rayons *no*, on aura un second spectre V′R′ qui donnera les mêmes couleurs que VR. Mais à mesure qu'on abaissera la surface AC, et que les rayons successifs du spectre VR disparaîtront on verra augmenter en V′R′ l'intensité des rayons violets, ensuite des bleus, des verts, etc., jusqu'aux rouges. Alors tout le spectre VR sera confondu avec le spectre V′R′. A défaut d'un prisme à angle variable, on peut en prendre un en verre, et qui ait un angle droit. Alors on fait tourner peu à peu ce prisme de manière à donner au rayon réfracté en *m* toutes les inclinaisons possibles sur la surface AC.

On peut conclure de là que *les rayons les plus réfrangibles sont aussi les plus susceptibles d'être réfléchis intérieurement par réfraction.*

64. Expérience vii. Voici un phénomène remarquable produit par la réflexion intérieure dans un prisme (*fig.* 42). Soit ABC un prisme, *o* la position de l'œil. Le point *o* peut être situé de manière qu'un rayon *mi* réfracté en *i* passe dans l'air suivant *i'o*, après une seconde réfraction en *i'*. Alors tous les objets situés en dessous de AB seront visibles pour l'œil. Mais en se baissant peu à peu, on parvient dans une situation où ces objets cessent d'être visibles par réfraction, et au contraire les objets extérieurs situés au-dessus de BC seront visibles par réflexion sur AB comme dans un miroir. Car alors les rayons *ii'''* arrivant dans une direction trop oblique pour sortir dans l'air en-dessous de AB sont réfléchis suivant *ii'* et parviennent à l'œil; et comme tous les

rayons qui viennent de dessous AB ne peuvent s'écarter autant que ii' de la normale pn, aucun d'eux ne peut parvenir à l'organe. Il en sera de même pour des rayons plus obliques que ii'. Soit $i'ip$ le plus grand angle de réfraction possible pour les rayons mi qui entrent par la base AB. Menons par le point A, la parallèle Ao' à $i'o$. Tant que l'œil sera situé dans l'angle $o'AB'$ il ne pourra recevoir les rayons venant au-dessous de AB, car ils feront tous avec la normale un angle plus grand que $i'ip$ qui est la limite des angles des rayons réfractés, tandis que les rayons qui seront réfléchis sur AB parviendront à l'œil.

On peut faire cette expérience en mettant une goutte d'eau sur la face AB. Alors lorsque l'œil n'apercevra plus les objets en dessous de AB, il verra encore la goutte d'eau, et il faudra se baisser un peu plus pour la faire disparaître. Cela vient de ce que la réfraction de la lumière n'est pas la même pour les rayons qui passent de l'eau dans le verre que pour ceux qui passent de l'air dans le verre. En essayant des acides, de l'encre, etc. et même des solides délayés dans un liquide, on pourra déterminer le point où le phénomène a lieu pour chacune de ces substances, et de là par le calcul trouver ce qu'on appelle *leur pouvoir réfringent.* (*Voyez à ce sujet la physique de Biot.*)

65. *Anneaux colorés de Newton.* Les couleurs données par le prisme se manifestent encore dans plusieurs circonstances. Nous citerons ici l'expérience des anneaux colorés qui a conduit Newton à sa théorie des couleurs.

Expérience. Prenez un verre biconvexe, d'une égale convexité sur ses deux surfaces, d'une faible courbure, et dont le rayon soit connu; appliquez-le sur un verre parfaitement plan, et observez la lumière réfléchie par ces deux verres, le point de contact est noir, et tout autour sont des anneaux diversement colorés et dans l'ordre suivant :

Première série.

Noir, bleu, blanc, jaune, rouge.

Deuxième série.

Violet, bleu, vert, jaune, rouge.

Troisième série.

Pourpre, bleu, vert, jaune, rouge.

Quatrième série.

Vert, rouge.

Si on regarde la lumière transmise par les deux verres au lieu de la lumière réfléchie, on verra encore des anneaux colorés autour du point de contact qui paraîtra blanc. Voici l'ordre de ces couleurs :

Première série.

Blanc, rouge, jaunâtre, noir, violet, bleu.

Deuxième série.

Blanc, jaune, rouge, violet, bleu.

Troisième série.

Vert, jaune, rouge, vert-bleuâtre.

Quatrieme série.

Rouge, vert-bleuâtre.

Ces dernières couleurs sont beaucoup plus faibles que les premières, et elles en sont les *complémentaires*. On dit que deux couleurs sont complémentaires lorsque réunies elles donnent du blanc.

A partir du point de contact il y a une lame d'air entre les deux verres dont l'épaisseur va en augmentant; c'est elle qui cause les anneaux colorés par réflexion ou réfraction. Il parait que suivant son épaisseur elle devient susceptible de réfléchir ou de transmettre telle ou telle couleur. Déterminons les lois du phénomène.

Il sera facile de calculer à chaque point l'épaisseur de la lame en se rappelant que l'intervalle entre un plan et une sphère, qui se touchent, croit comme le carré des distances au point de contact. Ainsi, on aura le rapport des épaisseurs de la lame aux points brillans et obscurs en mesurant le diamètre des anneaux, et en faisant le carré. On trouvera de cette manière que dans les parties obscures, ces épaisseurs peuvent être représentées par la progression,

$$o, \ 2a, \ 4a, \ 6a, \ 8a, \ldots$$

Et dans les parties brillantes par la progression,

$$a, 3a, 5a, 7a, 9a,.....$$

Si on mettait de l'eau entre les deux verres, on aurait la même série de couleurs, la seule différence serait dans le diamètre des anneaux qui deviendraient plus petits dans le rapport de 7 à 8. Les épaisseurs qui donnent la même teinte dans les deux cas seront donc dans le rapport de 7^2 à 8^2, ou de 49 à 64, ou de 3 à 4 à peu près. Or, ce rapport est celui du sinus d'incidence au sinus de réfraction, lorsque la lumière passe de l'eau dans l'air. Toute autre substance substituée à l'eau, conduit à une conclusion analogue, c'est à dire *que les épaisseurs propres à donner les mêmes anneaux, en employant deux substances différentes, sont toujours dans le rapport du sinus d'incidence au sinus de réfraction lorsque la lumière passe de l'une de ces substances à l'autre.*

Telle est la loi des anneaux colorés pour la lumière blanche. Actuellement faisons

tomber sur l'appareil successivement chaque rayon coloré donné par le prisme.
Alors tous les anneaux vus par réflexion
disparaîtront, excepté ceux de la couleur
de la lumière employée. Mesurons leurs
diamètres dans les parties les plus brillantes,
et faisons-en les carrés; on aura les épaisseurs correspondantes qui suivront la progression,

$$a, 3a, 5a, 7a, 9a,\ldots\ldots$$

La valeur de a varie d'une couleur à
l'autre. Elle diminue depuis le rouge jusqu'au violet.

Les intervalles des anneaux sont obscurs,
mais vus par réfraction ils sont lumineux.
Tandis que les anneaux colorés par réflexion
sont alors obscurs. Mesurant les diamètres
des anneaux obscurs par réflexion, on en
conclut que les épaisseurs suivent la progression,

$$o, 2a, 4a, 6a, 8a,\ldots\ldots$$

Enfin, mesurons pour une même lumière l'épaisseur de la lame au commen-

cement et à la fin de chaque anneau. Soit a
l'épaisseur au commencement du premier
anneau lumineux, il finit à une épaisseur $3a$, l'anneau obscur qui lui succède
immédiatement finit à une épaisseur $5a$,
l'anneau lumineux qui vient de suite après
finit à une épaisseur $7a$, etc. Ainsi pour
un anneau, soit obscur soit lumineux, l'é-
paisseur augmente de $2a$ jusqu'à la fin. La
quantité a varie d'une couleur à l'autre, et
d'une substance à l'autre.

Voilà la loi des anneaux colorés pour une
lumière homogène quelconque. On conçoit
actuellement qu'en soumettant la lumière
blanche à l'expérience, chaque épaisseur
variable de la lame donnera soit par réflexion, soit par réfraction, la couleur qui
lui est propre. Mais tous ces anneaux em-
piétront les uns sur les autres, et produiront les teintes composées données par la
première expérience. (*Voyez dans les physiques de Biot et Beudant, la table des
épaisseurs pour chaque nuance telle que
l'a calculée Newton.*)

Des effets analogues aux anneaux de

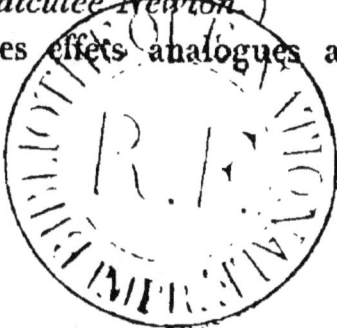

9

Newton se présentent quand on presse l'une contre l'autre deux plaques transparentes. La petite couche d'air qui reste entre les plaques remplace la lame d'air des anneaux. Il suffit même qu'une seule plaque soit transparente.

Dans les cristaux, les substances vitreuses, pierreuses, on rencontre des reflets accidentels, produits par des fissures qui sont entre les lames, dont la plupart de ces substances sont composées ; lesquelles fissures sont remplies d'un fluide plus ou moins rare, dont l'épaisseur produit les reflets observés. Ces substances sont dites *irisées*.

Enfin, les lames minces de mica, de sulfate calcaire, etc., d'huile projetée sur l'eau, d'eau savonneuse se développant en bulles, ont la propriété de donner telle ou telle teinte, suivant leur épaisseur. Résultat remarquable, et qui a conduit Newton à la théorie *des accès*, dont on parlera *troisième partie*.

Tous ces faits réunis nous donnent cette nouvelle loi d'optique, savoir : que *les la-*

mes minces des corps ont la propriété de donner par réflexion ou par réfraction des couleurs qui varient avec leur épaisseur et leur nature. Nous avons déterminé les lois du phénomène dans le cas des anneaux de Newton.

CHAPITRE VI.

RÉFRACTION DOUBLE ET POLARISATION DE LA LUMIÈRE.

----

66. Le carbonate calcaire ou spath d'Islande donne, par le clivage, des cristaux parfaitement diaphanes, incolores et dont la forme est un rhomboïde. Les faces de ce polyèdre font entre elles des angles de 105° 5′ et 74° 55′ ancienne division. La diagonale qui joint les deux angles solides obtus, et symétriques, se nomme *axe du cristal*. *La coupe* ou *section principale* est *le parallélogramme* déterminé par deux arêtes opposées, et qui a pour petite diagonale l'axe du cristal. Le plan de ce parallélogramme est perpendiculaire aux deux bases du cristal.

EXPÉRIENCE 1. Soit MN (*fig.* 43) le cristal, *ab* sera son axe, et *abcd* sa section principale. 1° Plaçons-le sur les caractères d'un livre, ou bien regardons à travers un objet quelconque, nous verrons deux images distinctes de l'objet, plus ou moins écartées l'une de l'autre. 2° Projetons un rayon solaire sur le cristal, il se divisera en général en deux rayons distincts en pénétrant en dedans, et il en résultera deux rayons émergens, qui donneront deux images du point rayonnant.

L'un de ces rayons suit la loi ordinaire de la réfraction, et s'appelle *rayon réfracté ordinairement,* l'autre se nomme *rayon réfracté extraordinairement.*

67. EXPÉRIENCE II. Tracez une ligne d'encre sur du papier, appliquez-y dessus une des faces du cristal. Vous verrez deux lignes parallèles, dont le plus grand écartement aura lieu lorsque la ligne d'encre sera parallèle au plan MeN*f,* dans lequel se trouve la plus grande diagonale du rhomboïde. Tournez le cristal sur sa base les deux images se rapprocheront peu à peu et finiront par se confondre, lorsque la ligne tracée sur le papier sera parallèle

au plan *acbd*, dans lequel se trouve la plus petite diagonale du rhomboïde, et que nous avons nommée *axe du cristal*.

C'est donc seulement dans la section principale que la réfraction extraordinaire, et la réfraction ordinaire s'exercent dans le plan d'émergence.

68. Le carbonate calcaire n'est pas la seule substance douée de la double réfraction, l'*arragonite*, l'*apatite*, le *béril*, la *tourmaline*, le *quartz*, le *sulfate de barite*, la *topaze*, etc. jouissent des mêmes propriétés. Il y a seulement de la différence dans l'écart plus ou moins grand des rayons réfractés ordinairement et extraordinairement. Quelquefois le rayon extraordinaire est plus près de l'axe du cristal que le rayon ordinaire; d'autre fois, c'est le contraire. Ainsi, soit *abcd* (*fig.* 44 et 45) la section principale du cristal; le rayon vertical *sm* est divisé en un point *m*, en deux autres *mo* et *me;* le premier est le rayon réfracté ordinairement, et le second le rayon réfracté extraordinairement. Dans la *fig.* 44 le rayon extraordinaire paraît être attiré

par l'axe *ab*; dans le cas de la *fig.* 45, il paraît au contraire en être repoussé. Nous nous ne voulons pas dire par là que l'axe ait une vertu attractive ou répulsive, c'est seulement une manière d'énoncer le phénomène. Au reste, nous reviendrons sur ces considérations théoriques.

69. Expérience iii. 1° Abattons les angles solides *a* et *b* du cristal (*fig.* 43), nous aurons deux faces nouvelles qu'on pourra tailler perpendiculairement à l'axe *ab*. Alors tout rayon lumineux qui arrivera dans une direction perpendiculaire à ces faces, ou parallèle à *ab*, traversera le cristal sans éprouver de double réfraction;

2° Abattons les arêtes M*e*, *f*N par des plans parallèles à l'axe *ab*, tout rayon qui arrivera dans une direction perpendiculaire à ces faces, et par conséquent à l'axe, n'éprouvera pas la double réfraction.

Ainsi, les rayons ordinaires et extraordinaires se confondent quand le rayon incident est parallèle ou perpendiculaire à l'axe du cristal.

70. Dans toutes les positions symétriques

autour de l'axe, le phénomène est en général semblable. Mais cette similitude n'a plus lieu dans certains cristaux, ce qui conduit à admettre en eux deux directions particulières, plus ou moins inclinées entre elles, autour desquelles tout est symétrique et semblable. Ce sont les cristaux à deux axes.

Tel est le phénomène fondamental de la double réfraction.

71. Expérience IV. Qu'on fasse passer un rayon de lumière à travers un rhomboïde de carbonate calcaire, il sera en général réfracté ordinairement et extraordinairement. Qu'on reçoive ces deux rayons sur une face d'un second rhomboïde en le plaçant de manière que les deux sections principales et les deux axes soient parallèles. Le rayon ordinaire sera réfracté ordinairement dans le second cristal, et le rayon extraordinaire le sera extraordinairement.

De même, qu'on regarde à travers les deux rhomboïdes ainsi placés, un point noir marqué sur du papier, on ne verra que deux images.

Actuellement qu'on tourne le rhomboïde supérieur pour détruire le parallélisme des deux sections principales, on verra deux nouvelles images d'abord très faibles, mais dont l'intensité augmentera à mesure que le cristal supérieur s'éloignera de sa position primitive; en même temps les deux autres images s'affaibliront, et elles auront toutes quatre la même intensité lorsque les deux sections principales feront un angle de 50° cent. Cet angle augmentant toujours, les premières images s'affaiblissent de plus en plus, et l'intensité des nouvelles augmente toujours. Enfin, lorsque les deux sections principales sont perpendiculaires l'une à l'autre, les premières images ont tout-à-fait disparu, et il ne reste plus que les nouvelles qui sont arrivées à leur maximum d'intensité. Les mêmes phénomènes ont lieu dans les quatre quadrans, et pour tous les cristaux doués de la double réfraction. Il n'est même pas nécessaire que les deux cristaux soient de même nature.

Examinons la marche du faisceau ordinaire à travers le second cristal : quand les deux sections principales sont parallèles, il est réfracté ordinairement, et quand elles sont perpendiculaires, il l'est extraordinairement. Dans toute autre position il donne deux images.

Au contraire, le faisceau extraordinaire que donne le premier cristal, est réfracté extraordinairement dans le cas du parallélisme des sections principales, et ordinairement quand ces mêmes sections sont perpendiculaires l'une à l'autre. Il donne aussi deux images dans toute autre position.

72. Expérience v. *ab* (*fig.* 46) est un miroir de glace non étamée et noircie en dessous avec de l'encre de Chine; *cd* est un petit cylindre de carton ou de fer blanc, également noirci à l'intérieur, et placé de manière que l'angle *omb* $= 35°\ 25'$. Il recevra sous cet angle la lumière réfléchie en *m*. L'extrémité *c* est armée d'un diaphragme percé d'un trou de quelques millimètres par où pénètre la lumière dans l'intérieur du cylindre; en *d* est un petit rebord.

1° Disposons l'appareil devant une fenêtre ouverte, et recevons sur la glace la lu-

mière des nuages. Plaçons en *o* un rhomboïde de spath calcaire, et regardons à
travers l'image du trou. Si le plan de la
coupe principale est parallèle au plan *ab*
du miroir, on ne voit qu'une image du trou.
Faisons tourner peu à peu le cristal de manière à déranger le parallélisme ci-dessus,
on verra paraître une nouvelle image d'a-
bord plus faible, qui se renforcera aux dépens de la première à mesure que l'angle
des deux plans cités deviendra plus grand.
Enfin, lorsque cet angle sera droit, la première image disparaîtra, et il ne restera que
la seconde qui aura acquis son maximum
d'intensité. La première image est produite
par la réfraction ordinaire à travers le cristal, et la seconde par la réfraction extraordinaire. En continuant de tourner le cristal,
les mêmes phénomènes se manifestent dans
tous les quadrans. On a en général deux images qui se réduisent à une seule lorsque le
plan de réflexion et la section principale sont
parallèles ou perpendiculaires entre eux.
Dans le premier cas, c'est l'image ordinaire;
dans le second, c'est l'image extraordi-

naire. Alors ces deux images sont à leur maximum d'intensité.

2° Au lieu d'un cristal placé en o, mettons un petit cylindre très court qui puisse entrer à frottement dans le grand cylindre, par l'extrémité o. Armons ce petit cylindre d'une glace semblable à la première, et qui fasse avec l'axe co du cylindre primitif un angle de 35° 25′. On pourra par ce moyen présenter la nouvelle glace au rayon réfléchi mo, et à différens côtés de ce rayon; il suffira pour cela de tourner le petit cylindre dans le grand. Dans toutes ses positions le rayon mo fera 35° 25′ avec la nouvelle glace.

Cela posé, regardons dans la glace qui est en o, on y verra en général une image du trou plus ou moins intense. Mais en tournant le petit cylindre, l'intensité de cette image variera, son maximum aura lieu lorsque les deux glaces seront parallèles. En détruisant peu à peu le parallélisme on la verra diminuer et disparaître tout-à-fait, lorsque la petite glace sera perpendiculaire à la glace ab, ou que le petit cylindre aura fait un quart de révolution. Il en sera de même dans les quatre quadrans. Le maximum d'intensité de l'image a toujours lieu lorsque les glaces sont parallèles, et cette image est nulle lorsqu'elles sont perpendiculaires. Nous voyons ici que la seconde glace placée en *o* produit sur le rayon réfléchi *mo* un effet analogue à celui de la section principale du cristal de carbonate calcaire. Or, cette disposition qu'a le rayon lumineux pour être *absorbé*, *réfracté* ou *réfléchi*, sous certaine position et certaine inclinaison a pris le nom de polarisation de la lumière.

Toutes les substances douées de la double réfraction polarisent la lumière par réfraction. Toutes les substances polies et réfléchissantes la polarisent par réflexion, mais plus ou moins. L'angle sous lequel la polarisation totale a lieu varie d'une substance à l'autre. Il est pour le verre de 35° 25'. Les métaux quoique très polis ne polarisent la lumière que très difficilement, même très peu et jamais entièrement.

73. Expérience vi. Soit une suite de glaces

non étamées et parallèles; si un rayon lumineux fait avec la première un angle de 35° 25' il sera polarisé dans sa partie réfléchie, mais sa partie réfractée ne le sera pas entièrement. Ce dernier rayon arrivé à la seconde glace sera encore polarisé en partie par réflexion, et le rayon réfracté ne le sera pas entièrement, et ainsi de suite d'une glace à l'autre. Si le nombre des glaces est assez grand on obtiendra enfin un rayon réfracté entièrement polarisé, et qui le sera en sens contraire des rayons réfléchis. Cet effet qui a plus ou moins lieu pour toutes les incidences du faisceau lumineux direct, commence dès que le rayon n'est plus perpendiculaire aux glaces. Mais sous l'incidence de 35° 25' avec un nombre suffisant de lames on obtient un rayon réfracté entièrement polarisé qui, passant à travers de nouvelles lames parallèles, échappe à la réflexion, et non à la réfraction.

Biot a reconnu que plusieurs substances minérales, les unes composées de lames minces, les autres dans lesquelles on n'a pu découvrir de tels feuillets, polarisent la lumière comme un système de glaces parallèles ; tels sont le sulfate de chaux, quelques agathes, les tourmalines taillées en plaques minces, etc.

74. EXPÉRIENCE VII. Plaçons un cristal de carbonate de chaux à la partie supérieure *o* de la lunette *cd* (*fig.* 46) de manière que la section principale soit parallèle à *ab*. On ne verra qu'une seule image produite par le rayon ordinaire. Plaçons dans le trajet du rayon polarisé une lame mince de mica, ou de sulfate de chaux. On apercevra de nouveau, deux images distinctes, en sorte que le rayon polarisé sera de nouveau partagé en deux faisceaux. Mais les deux images au lieu d'être blanches seront teintes de couleurs complémentaires, c'est à dire de couleurs qui par leur réunion produisent le blanc. Ces couleurs varient avec l'épaisseur de la lame et avec l'inclinaison du rayon polarisé sur elle. L'un des rayons sera polarisé dans un nouveau sens, mais l'autre conservera sa polarisation primitive.

Tel est le phénomène que Biot a appelé

polarisation mobile de la lumière, par opposition à la première, qui a été dite *polarisation fixe*. Nous reviendrons plus loin
à tous ces phénomènes.

CHAPITRE VII.

DIFFRACTION DE LA LUMIÈRE.

75. La diffraction de la lumière est la modification qu'elle éprouve par l'influence mutuelle de ses rayons, modification qui se manifeste principalement lorsque la lumière rase des corps étroits. Les expériences suivantes vont éclaircir cette définition.

76. EXPÉRIENCE 1. Présentez un corps opaque devant un carton éclairé par le soleil, son ombre sera terminée par une auréole très brillante au-delà de la pénombre. Pour réussir, suspendez au milieu d'une fenêtre au soleil une boule de buis noircie à la fumée d'une lampe, et recevez son ombre sur un carton blanc à quelque distance derrière. On aura une ombre circulaire d'une certaine intensité entourée d'une pénombre et d'un cercle lumineux. Éloi-

gnez de plus en plus le carton, les dimensions du cercle lumineux iront en augmentant, et le centre de l'ombre s'éclaircira. Tout autour sera un anneau d'ombre très noire. Regardez la boule suspendue à la fenêtre, vous la verrez environnée d'une auréole lumineuse.

77. EXPÉRIENCE II. faites entrer dans une chambre obscure un trait de lumière par une très petite ouverture, et éclairez un petit corps par cette lumière. Son ombre reçue sur un carton blanc au lieu d'être bien formée sera terminée par trois franges colorées bien distinctes, d'inégale largeur et qui diminueront de la première à la troisième. Si le corps est assez étroit on remarquera des franges dans son ombre qui paraîtra alors divisée en plusieurs bandes alternativement obscures et lumineuses, également espacées. Les premières sont dites *bandes extérieures* et les autres *bandes intérieures.*

Pour ne laisser aucun doute sur cette expérience, introduisez la lumière solaire dans la chambre obscure par une ouverture

percée d'un petit trou d'épingle: il suffit
pour cela d'adapter au volet une feuille d'é-
tain. Supposez l'ouverture au plus d'un
dixième de millimètre. Prenez un fil de fer
ou d'acier, ou de tout autre matière, mais
parfaitement opaque, d'un millimètre de
diamètre, et placez-le dans le cône lumineux à un mètre du petit trou. Placez le
carton blanc sur lequel vous recevez l'ombre, à une distance de deux mètres du
corps opaque, ou de trois mètres du trou.

Si le trou était infiniment étroit, il est
évident que l'ombre tracée sur le carton
aurait 3 millimètres de largeur. Supposons
que son diamètre égale $\frac{1}{15}$ de millimètre,
alors l'ombre absolue se réduira à $2^{mm}, 8$.
En effet, soit ab le diamètre de l'ouverture
$= 0^{mm}, 1$ ($fig.$ 47); CD le corps opaque;
AB les dimensions de l'ombre. Si le trou se
réduisait au seul point S, on aurait CD $=$
1^{mm}, AB $= 3^{mm}$, S$i = 1^m$ et SK $= 3^m$.

La similitude des triangles ACe, aCS
donne Ae $= 2.a$S, puisque AC $= 2.$SC
donc Ae $= ab = 0^{mm}, 1$.

On trouvera de même B$f = 0^{mm}, 1$. Or,

$AB = 3^{mm}$, donc *ef* ou l'ombre de *c*D produit par le faisceau qui passe par le trou *ab* égalera $3^{mm} - 0^{mm},2 = 2^{mm},8$

C'est à dire que si l'ombre est de 3^{mm} dans le cas ou le trou est supposé un point géométrique, elle se réduit à $2^{mm}.8$ dans le cas où l'ouverture du trou est de $0^{mm},1$. Telle doit être la grandeur de l'ombre, si les rayons n'éprouvent aucune inflexion. Mais le phénomène n'a pas lieu ainsi. Car on remarque une bande brillante au centre, et de là jusqu'au bord alternativement des bandes éclairées et obscures. Cette expérience semble d'abord prouver que la *lumière s'infléchit dans l'ombre des corps.*

Grimaldi a le premier parlé de cette inflexion. Newton l'a niée, et ce phénomène paraît avoir échappé aux expériences de ce grand observateur. C'est une de ses objections principales au système des ondes. Je suis loin de penser que ses préventions théoriques aient pu contribuer à lui fermer les yeux sur ces faits si importants. Oui, Newton eût sacrifié toutes ses théories à la vérité. (*Voyez le supplément à la chimie de Tompson.*)

77. Expérience iii. Voici une observation due au docteur Young, sur les bandes intérieures.

Qu'on intercepte au moyen d'un écran toute la lumière qui provient des bords du corps étroit, les franges intérieures disparaîtront complétement. Ceci démontre que la formation de ces franges provient du concours des deux faisceaux lumineux qui rasent les deux extrémités du corps étroit, et résulte de leur action mutuelle.

Cette disparition des franges a encore lieu en éloignant l'écran du corps étroit, et en interceptant les rayons, tantôt avant et tantôt après qu'ils ont rasé le corps étroit. On ne peut donc pas dire que l'action libre du corps étroit est modifiée par l'écran qui le touche à l'autre bord, de manière à lui faire perdre la propriété de produire les franges intérieures. *Ces franges sont donc le résultat de l'action mutuelle des rayons qui rasent le corps étroit.* Ce qui justifie la définition que nous avons donnée de la diffraction.

On peut encore démontrer l'influence

mutuelle des rayons lumineux en faisant passer la lumière par deux petits trous assez près
l'un de l'autre, ou entre deux fentes parallèles, et distantes l'une de l'autre d'un ou de
deux millimètres. Si on bouche un des trous
ou l'une des fentes on fera disparaître les
franges intérieures, quoique la lumière répandue par l'autre fente soit encore très
sensible. Les fentes doivent être très étroites, sans quoi on pourrait remarquer des
franges intérieurement, quoiqu'on ait in-
tercepté un des faisceaux. Mais ce ne sont
pas celles dont il est question ici, elles sont
beaucoup moins fines que ces dernières, et
sont produites par chaque fente séparément.

78. Pour que ces expériences réussis-
sent, il faut que la lumière vienne autant
que possible d'un seul point. Ce point lumineux unique peut être produit par une
lentille de verre d'un court foyer, enchâssée
au volet de la chambre obscure (*Voyez*
n° 5o). Comme les bandes lumineuses sont
très étroites, on peut se servir d'une *loupe*
ou lentille qui grossit les objets pour les

observer (*Voyez quatrième partie*), et en mesurer les dimensions. Fresnel a déterminé ainsi les distances des milieux des bandes obscures et brillantes. La loupe dont il se sert est mobile; elle porte à son foyer un fil très fin qui est un point de mire, et dont on peut évaluer le déplacement à l'aide d'un vernier et d'une vis micrométrique. Cet appareil est un véritable *micromètre*. On reçoit la lumière diffractée sur la loupe, et on place son œil de manière à regarder le point lumineux à travers. Par ce moyen on a les avantages qui résultent d'une expérience précise et délicate, et on parvient jusqu'à découvrir les franges produites par la lumière la plus faible, celle des étoiles fixes par exemple. Mais dans ce cas il vaut mieux que la loupe ait un foyer un peu long.

79. EXPÉRIENCE IV. Le docteur Young, démontre encore l'influence mutuelle de deux rayons lumineux par l'expérience suivante :

Soient deux miroirs métalliques, ou à leur défaut deux glaces non étamées, mais

noircies par-derrière; faisons-les toucher
par leurs bords en sorte qu'ils fassent un
angle très légèrement rentrant. Recevons
sur ces deux miroirs les rayons lumineux
qui émanent d'une même source; ces miroirs réfléchiront deux images du point
lumineux qui paraîtront très près l'une de
l'autre. Condition nécessaire pour que l'expérience réussisse. Alors l'angle des rayons
réfléchis sur les deux miroirs, et qui donne
les deux images sera très petit. Les lois de
la réflexion serviront à le déterminer. Éloi-
gnons-nous actuellement un peu des miroirs, et recevons sur une loupe d'un court
foyer les rayons réfléchis, en la plaçant de
manière que toute la surface en paraisse
illuminée. Nous apercevrons, comme dans
les expériences précédentes une série de
bandes lumineuses et obscures.La direction
des bandes est perpendiculaire à la droite
qui joint les deux images du point lumineux, et on peut les faire disparaître en interceptant au moyen d'un écran les rayons
réfléchis par l'un des miroirs, sans inter-
cepter ceux que réfléchit l'autre. Ce qui

semble prouver comme l'expérience III, n° 77, que *de la lumière ajoutée à de la lumière peut produire de l'obscurité.* Fait remarquable et ignoré de Newton.

80. Dans toutes ces expériences, si on emploie de la lumière blanche telle qu'elle nous vient du soleil, les bandes lumineuses seront parées de couleurs très vives, surtout vers le centre. Mais une lumière homogène donnera un plus grand nombre de bandes lumineuses, et toutes de la couleur de la lumière soumise à l'expérience. On se sert pour cela d'un rayon homogène, donné par le spectre solaire, ou bien on fait passer de la lumière blanche à travers un verre coloré, qui ne se laisse traverser que par une espèce de rayons. Cette dernière lumière est beaucoup plus homogène que celle du spectre par la difficulté qu'on éprouve d'isoler un seul rayon sorti du prisme.

81. Étudions la loi suivant laquelle s'exerce l'influence mutuelle des rayons lumineux. Prenons le cas d'une lumière homogène, la rouge par exemple; soit P le

point lumineux (*fig.* 48) MN, NQ les miroirs de l'expérience IV, n° 79, C et **B** les images de P vues dans ces miroirs, YX la droite sur laquelle on observe les bandes obscures et brillantes. Par les lois de la réflexion on pourra calculer la différence des chemins parcourus par les rayons, qui par leur action mutuelle produisent une bande soit obscure, soit lumineuse. On trouvera que le milieu de la bande centrale et lumineuse, correspond à des chemins égaux, tel que $Pob = Po'b$, ou ce qui revient au même $cb = Bb$. Soit $b_{/}$ le centre de la bande suivante à gauche, et d la différence des chemins parcourus par les rayons $Pib_{/}$, $Pi'b_{/}$ ou $Bb_{/}$, $Cb_{/}$ et qui arrivent en $b_{/}$. On trouvera que les autres bandes $b_{//}$, $b_{///}$, à gauche correspondent à des différences de chemins parcourus égales à $2d$, $3d$, $4d$, $5d$,..... On trouvera de même que les milieux des bandes brillantes à droite correspondent à des différences égales à d $2d$, $3d$, $4d$,..... comme les premières, et que les milieux des bandes obscures à droite et à gauche n', n'', n''',.... $n_{/,}$

$n_{//}$, $n_{///}$,... correspondent successivement de part et d'autre aux différences de chemins parcourus égales à $\frac{1}{2}d$, $\frac{3}{2}d$, $\frac{5}{2}d$, $\frac{7}{2}d$,.... Ainsi le maximum de lumière correspond aux différences d, $2d$, $3d$, $4d$,.... et le minimum de lumière ou l'obscurité complète, surtout quand la lumière est bien homogène, aux différences $\frac{1}{2}d$, $\frac{3}{2}d$, $\frac{5}{2}d$, $\frac{7}{2}d$..... Telle est la loi des influences périodiques des rayons lumineux. La valeur de d est différente pour chaque teinte de la lumière. Elle n'a été déterminée par expérience que pour les rayons rouges. On a trouvé $d =$ 0^{mm},000638. Nous verrons plus loin comment au moyen de cette valeur on peut trouver celle que donneraient les autres teintes du spectre solaire. Mais avant poursuivons dans ses conséquences la loi que nous venons de découvrir.

82. Soit b le centre de la première bande lumineuse (*fig.* 48 *bis*). Faisons abstraction des deux miroirs, et considérons A et B comme deux points lumineux, qui envoient directement la lumière. Soit b le lieu du micromètre, d'après la loi ci-dessus Ab et

Bb seront égaux. Soit b, le milieu de la bande lumineuse, les lignes bb,, AB seront très petites par rapport à la distance de AB au micromètre. On pourra donc regarder les droites Bb, Ab,, comme sensiblement parallèles et égales, en sorte que, si du point B comme centre, et du rayon Bb, on décrit l'arc très petit bo, on pourra le regarder comme une droite perpendiculaire sur Bb et l'angle obB sera droit. De même les côtés bb,, ob très petits seront à peu près égaux, et l'angle Abb, à peu près droit. Il résulte de là que l'angle b,bo égale l'angle AbB, et comme les triangles AbB et b,bo sont isocèles, ils seront semblables et donneront $\frac{bb,}{ob,} = \frac{bB}{bA}$ d'où $bb, = ob, \frac{bB}{\text{A}b}$ Mais $ob,$ est la différence des rayons $Ab,$ et $Bb,$ puisque $Ab,$ égale à peu près Bb. On a donc $bb, = d. \frac{bb,}{\text{AB}}$.

Cette valeur fait voir que *la largeur de la frange* bb, *est proportionnelle à* d, *et à* Bb *distance du micromètre au point lumineux, et de plus en raison inverse de l'intervalle qui sépare les deux images du point lumineux.*

L'angle AbB est très petit, on a donc à

peu près sin. $A b B = $ arc $A b B = \frac{AB}{Bb}$. Ce qui donne encore $b b_{\prime} = \frac{d}{\sin A b B}$ ou simplement $b b_{\prime} = \frac{d}{\sin A b A}$, c'est à dire que la largeur $b b_{\prime}$ de la frange lumineuse est en raison inverse du sin. $A b B$ ou de l'angle $A b B$ sous lequel l'observateur voit l'intervalle des deux images.

83. Cette loi s'étend aux franges produites par deux fentes très fines pratiquées dans un écran. Mais elle n'est qu'approximative pour celles qu'on trouve dans l'ombre d'un corps étroit. Les franges qui sont près de la limite de l'ombre suivent une loi plus compliquée qu'il est inutile de rechercher ici.

84. Occupons-nous des franges extérieures qui bordent les ombres des corps. Leur largeur dépend de leur distance au micromètre, et au point lumineux.

Expérience iv. Supposons que la distance du point lumineux à l'écran soit toujours la même. Faisons varier seulement la distance du micromètre à l'écran. On trouvera que les franges extérieures ont une marche curviligne, et que la convexité de

leur trajectoire est tournée en dehors. Fresnel est parvenu à ce résultat par une
mesure très exacte de la largeur des franges. Il s'est servi pour cela de la lumière
homogène donnée par un verre rouge.
Dans son expérience le corps opaque était
à $3^m,018$ du point lumineux. Il a mesuré
l'intervalle compris entre le bord de l'ombre géométrique *, et le point le plus sombre de la bande obscure du troisième ordre, et il a trouvé successivement en se plaçant à diverses distances de l'écran

à $1^{mm},7$ du corps opaque. $0^{mm},08$.

à $1003^{mm},0$. . . . . $2^{mm},20$.

à $3995^{mm},0$. . . . . $5^{mm},83$.

Mais si l'on joint par une droite les deux
points extrêmes on trouvera $1^{mm},52$ pour
l'ordonnée correspondant au point inter-

---

* On entend par ombre géométrique celle que
déterminerait la lumière, si elle se mouvait en ligne droite, sans déviation. Ce serait (*fig.* 49)
L'ombre BAQP.

médiaire *, tandis que la mesure a donné $2^{mm}20$; la différence $0^{mm}68$ ne peut être une erreur d'observation; car elle est égale à une fois et demie environ $0^{mm}42$ intervalle compris entre les bandes du second et du troisième ordre. Au reste, plusieurs mesures conduisent à la même conclusion. *Les franges extérieures suivent donc dans leur marche de propagation des lignes courbes dont la convexité est tournée en dehors.*

---

* Pour calculer cette valeur on remarquera que si AB (*fig.* 49) est la limite de l'ombre géométrique d'un côté, et que si on fait AC $= 1^{mm},7$, $Ac = 1003^{mm}$, $AD = 3995$, $Ca = 0^{m},08$, $eh = 2^{mm},20$, $Dd = 5^{mm},83$, et que si on mène de plus ac parallèle à AD, et si l'on joint ad on aura

$$\frac{ac}{ai} = \frac{dc}{oi} \text{ d'où } oi = \frac{dc.\,ai}{oi} = \frac{5,75 \times 1001,3}{3993,3} = 1,44$$

d'où $oi + ie$ ou $eo = 1^{mm},44 + 0^{mm},08 = 1^{mm},52$.

Comme on a dit dans le texte.

CHAPITRE VIII.

EFFETS CALORIFIQUES ET CHIMIQUES DES RAYONS SOLAIRES.

———

85. En général les sources de la lumière sont dans le soleil et dans les astres. Cependant plusieurs phénomènes sublunaires tels que la combustion, la phosphorescence, l'électricité, etc., excitent en nous la sensation du voir. Or, la phosphorescence est considérée par plusieurs physiciens, comme résultat d'une combustion lente, dans laquelle l'électricité joue un très grand rôle. D'un autre côté la combustion ordinaire n'est autre chose qu'une combinaison chimique; mais toute combinaison chimique est accompagnée de neutralisation de fluide vitré et résineux. Plusieurs chimistes mêmes regardent l'électricité comme première cause de l'affinité. On pourrait donc regarder

l'électricité comme la principale source de la lumière sublunaire.

86. La lumière est accompagnée assez souvent de chaleur, et la chaleur de lumière; cependant on voit de la lumière sans chaleur, et de la chaleur sans lumière. Ces deux phénomènes naturels ont-ils la même source ?

EXPÉRIENCE 1. Le grand astronome Herschell, a examiné les propriétés calorifiques des divers rayons du spectre solaire en plaçant un thermomètre fort sensible dans chacune des sept divisions de couleurs tracées par Newton*, et il a trouvé que le degré de chaleur allait en diminuant d'un rayon à l'autre, depuis le rayon violet où était son minimum jusqu'au rayon rouge. Mais ce n'a pas été là le maximum de température, son thermomètre s'est élevé le plus haut au-delà du rayon rouge, hors de toute la partie visible du spectre. Cette expérience répétée par plusieurs physiciens a donné les

* On se sert pour cela d'un thermomètre à air.

mêmes résultats; mais il en est qui ont trouvé le maximum de chaleur dans les rayons rouges, et non au-delà du spectre.

Expérience 11. Wollaston, Ritter et Beckman, en répétant l'expérience d'Herschell, se sont attachés à étudier l'extrémité violette du spectre, et ils ont reconnu que les propriétés lumineuses et calorifiques n'étaient pas les seules de la lumière solaire, qu'elle en possède d'autres qui facilitent plus ou moins les combinaisons chimiques, et dont le maximum se manifeste un peu au-delà des limites sensibles des rayons violets.

Ces observations conduiraient à admettre dans le soleil trois espèces de rayons : 1° des rayons lumineux; 2° des rayons de chaleur; 3° des rayons chimiques.

Les expériences de Bérard prouvent que les rayons de chaleur et les rayons chimiques peuvent subir comme ceux de lumière la réflexion, la réfraction simple et double, et la polarisation.

L'expérience vient de nous faire découvrir tous les phénomènes généraux de l'optique, qui une fois admis ont donné l'explication de plusieurs faits secondaires, dont ceux-ci sont la cause plus ou moins directe. Mais comment un objet lumineux agit-il à distance sur notre organe, et excite-t-il en nous cette sensation du voir, qui nous transporte hors de nous-mêmes, et nous identifie, pour ainsi dire, avec tous les êtres qui remplissent l'univers? Quelle est enfin la cause de la lumière elle-même, de sa réflexion, de sa réfraction simple et double, de sa dispersion, de sa polarisation et de sa diffraction? C'est cette recherche qui va nous occuper. L'analyse mathématique étant le seul guide certain, nous nous réservons d'en interroger les résultats, n'en pouvant donner les calculs.

SECONDE PARTIE.

SYSTÈME DES ONDULATIONS.

> Et comme l'on tient pour certain que la sensation de la vue n'est excitée que par l'impression de quelque mouvement d'une matière qui agit sur les nerfs au fond de nos yeux, c'est encore une raison de croire que la lumière consiste dans un mouvement de la matière qui se trouve entre nous et le corps lumineux. HUYGHENS.

CHAPITRE PREMIER.

NATURE DE LA LUMIÈRE. HYPOTHÈSE FONDAMENTALE DE LA THÉORIE DES ONDULATIONS. LUMIÈRE DIRECTE.

87. La nature de la lumière est encore inconnue. Les physiciens sont partagés depuis long-temps entre deux hypothèses remarquables que nous développerons dans cet essai. Les uns avec Newton, supposent qu'elle est une substance particulière lancée

12

dans l'espace par le corps lumineux avec
une vitesse extrêmement grande; les autres
à la tête desquels sont Descartes, Euler et
Huyghens, la croient produite par des ondulations excitées dans un milieu très élastique appelé *éther*, et propagée jusqu'à
notre œil. On peut comparer ces ondulations à celles que les vibrations d'un corps
sonore excitent dans l'air, et qui produisent
la sensation du son dans notre oreille. La
théorie de Newton, généralement adoptée
à cause de sa simplicité, rendait compte de
tous les phénomènes connus. Celle des ondulations extrêmement difficile à concevoir,
et dépendant d'une analyse très savante
avait été abandonnée peut-être un peu lé-
gérement. Les objections qu'on lui faisait
ne furent jamais assez approfondies. Au-
jourd'hui de nouveaux faits se présentent :
inexplicables par la théorie de Newton, ils
sont une conséquence de celle des ondulations. Mais celle-ci rend-elle également bien
compte de tous les phénomènes lumineux ?
C'est ce qu'on pourra juger par l'examen
de cette théorie.

88. Admettons donc l'existence d'une
matière subtile appelée *éther*, remplissant
nécessairement l'immensité des cieux, puisque c'est à travers les espaces célestes que
la lumière parvient des astres jusqu'à nous.
Cette matière doit être douée d'une élasticité. parfaite puisqu'elle nous transmet la
lumière avec une si grande vitesse, et d'une
densité extrêmement petite, puisque les
observations astronomiques les plus exactes, tant anciennes que modernes, semblent
annoncer qu'elle oppose une résistance nulle
au mouvement des corps célestes. Cet éther
doit pénétrer tous les corps terrestres; car
en les amincissant suffisamment ils transmettent tous la lumière, et dans chacun
d'eux sa densité différera selon leur nature.
Supposons actuellement que ce fluide soit
ébranlé d'une manière quelconque à l'un
de ses points. Il se formera des ondulations
qui, se propageant de proche en proche,
parviendront jusqu'à notre œil, et excite-
ront en nous la sensation du voir. Alors
les rayons lumineux seront des lignes droites menées du centre d'ébranlement aux

différens points de la surface sphérique
qui termine chaque onde. Les rayons lumineux devront donc diverger. La vitesse
de la lumière deviendra une vitesse de propagation qui se transmettra de proche en
proche de molécule à molécule depuis le
corps lumineux jusqu'à notre œil. Mais on
ne devra pas la confondre avec celle des
vibrations qui détermine l'amplitude de
chaque ondulation. Les lois de l'intensité
de la lumière résultent de la forme de l'onde
lumineuse. En effet, mesurons l'intensité
de la lumière par la somme des forces vives qui produisent l'onde, somme qui est
toujours constante à mesure que l'onde s'é-
tend, on trouvera que la lumière reçue par
la surface CD (*fig.* 12)est à la lumière reçue
par la surface *cd* comme *cd* : CD; supposi-
tion sur laquelle est basé tout ce qui a été
dit à ce sujet, *première partie.* Mais pour
éclaircir ceci, entrons dans quelque détails
sur la forme de l'onde lumineuse.

89. *Oscillation des molécules des corps.*
Voyons comment la nature de l'onde dépend de la particule qui entre en vibration,

et pour cela faisons l'hypothèse la plus simple qui se présente, savoir : que les petites
oscillations des molécules des corps qui
produisent les ondes lumineuses sont analogues à celles d'un pendule lorsqu'on l'é-
carte un peu de la position d'équilibre.
Alors un petit plan solide écarté de sa position primitive tendra évidemment à la
reprendre avec une force proportionnelle
à l'écartement. Cette force accélératrice lui
imprimera d'abord une vitesse très petite
qui ira toujours en augmentant jusqu'à ce
que le corps soit dans la position primitive;
mais en vertu de la vitesse acquise il dé-
passera son point d'équilibre primitif, et
alors la vitesse ira toujours en diminuant
parceque la force accélératrice qui tend à
le ramener au point d'équilibre est opposée
à cette vitesse qui sera bientôt réduite à
zéro. Alors l'action continue de cette force
donne au petit plan une vitesse en sens
contraire, qui tendra encore à ramener le
mobile vers son point de départ, et ainsi
de suite. Le petit plan exécuterait donc une
suite infinie d'oscillations, si la résistance de

milieux ne diminuait successivement leur amplitude, et ne finissait par les détruire entièrement.

90. *Oscillations communiquées à l'éther* ou *ondes lumineuses.* Comment le fluide éthéré est-il ébranlé par les oscillations du petit plan solide? Les oscillations du petit plan se communiquent à la couche immédiatement en contact, celle-là les transmet à la suivante, et cela de couche en couche indéfiniment. Or, cette communication ne sera pas instantanée comme l'avait supposé Descartes, et l'ébranlement n'arrivera à une distance déterminée que dans un certain temps dépendant, et de la densité du fluide et de la force élastique; car plus ses molécules se pousseront avec énergie, c'est à dire plus la force élastique sera grande et la densité moindre, plus le temps dont on vient de parler sera court. Il n'est donc pas nécessaire d'admettre avec Huyghens, et Descartes que l'éther est doué d'une dureté parfaite.

Soit *f* le point de départ (*fig.* 50) du petit plan *cd; Ae* et *f*A les deux écarts exé-

cutés de part et d'autre du point d'équilibre A. Que ce plan s'avance de f vers e,
et qu'il revienne vers A et continue sa
route vers f. De retour en f il aura fait une
oscillation complète composée de deux *oscillations simples* en sens contraire. Voyons
comment ces oscillations se communiquent
à l'éther. La vitesse que le mobile avait au
premier moment, qui était sensiblement
nulle se trouve lorsque le mobile est en f,
communiqué de molécule à molécule, à
une tranche de fluide éloignée de f d'une
distance fg que nous pourrons représenter
par d; mais la vitesse du plan augmente
depuis f jusqu'en A, et diminue depuis A
jusqu'en e où elle est nulle, et comme à
chaque instant infiniment petit le mobile
communique sa vitesse à la tranche en contact qui la transmet à la suivante, et ainsi
de suite, au moment où le premier ébranlement arrive en g, le second arrive à la
tranche précédente, qui par conséquent doit
être animée d'une vitesse plus grande, et
cela d'une tranche à l'autre, depuis g jusqu'en h, où sera le maximum de vitesse en

avant imprimée lorsque le mobile a été en
A. La vitesse de l'éther depuis h jusqu'en
i, milieu de fg, ira en diminuant où elle sera
nulle. Actuellement comme le mobile en
revenant de e en f, est animé d'une vitesse
contraire et opposée à la première, il doit
la communiquer à l'éther mais en sens inverse ; car alors le plan recule, la tranche en
contact doit reculer aussi en vertu de l'élasticité et de la force expansive du fluide éthéré.
En sorte que, lorsque le mobile est de retour en f, la vitesse en arrière qu'il a imprimée à l'éther dans la position e étant arrivée en i, toutes les molécules, depuis i
jusqu'en f, auront à cet instant des vitesses
en arrière dont le maximum sera en k milieu de fi. Donc après les deux oscillations
fe et ef, si $fg = d$, la vitesse maximum en
avant sera en h a $\frac{3}{4}d$ de f, la vitesse nulle
imprimée par le corps à la limite de la première oscillation sera arrivée en i à une
distance $\frac{1}{2}d$ de f. La vitesse en arrière
imprimée par la seconde oscillation aura
son maximum en k à une distance $\frac{1}{4}d$ de f.
Or, les amplitudes Af, Ae des oscillations

autour du centre d'ébranlement A est in‑
finement petite, et on pourra sans erreur
sensible faire abstraction des petits dépla‑
cemens de la particule vibrante, et compter
les distances d, $\frac{3}{4}d$, $\frac{1}{2}d$, $\frac{1}{4}d$ à partir de ce
centre.

On appelle *ondulation entière* la partie
du fluide ébranlée par deux oscillations en
sens contraire que nous avons nommée os‑
cillation complète. Une *demi-ondulation*
sera chacune des moitiés ébranlées par ces
oscillations opposées, ou par ces demi-os‑
cillations complètes, ou par une oscillation
simple. Ainsi fA étant infiniment petit, Ai
et ig seront les *demi-ondulations* et Ag
l'ondulation entière.

91. Soit A une molécule qui exécute
des vibrations *isocrhones*, et d'une égale am‑
plitude. On concevra que les ondulations
engendrées par ces vibrations s'étendront
de proche en proche, et auront la forme
indiquée ci-dessus, en sorte que si Ao, oo',
$o'o''$, $o''o'''$, $o'''o''''$, représentent l'étendue
de ces ondulations, se propageant dans le
sens AB (*fig.* 51), chacune des demi-on‑

dulations dont les limites sont en *i*, *o*, *i'*, *o'*,
i'', *o''*, sera animée d'une vitesse, soit en
avant, soit en arrière, dont le sens est indiqué dans la figure par une flèche, et dont
le maximum est vers le milieu de la demi-
ondulation. Ne confondons pas la vitesse
absolue des molécules éthérées avec la vitesse de propagation de l'ébranlement. L'une
dépend de l'amplitude des oscillations, l'autre de la force de ressort du fluide et de la
force expansive. Cette dernière vitesse n'est
autre chose que la promptitude avec laquelle
le mouvement se communique d'une tranche à l'autre, et est indépendante des vibrations. Ainsi pour un même milieu si la
vitesse de vibration devient plus grande,
les ondulations seront plus petites. Cependant elles se communiqueront à la même
distance dans le même temps.

Une suite d'ondulations entières forme
ce qu'on appelle un *système d'ondes*. A
mesure que l'onde s'éloigne du centre d'é-
branlement, elle se répand sur une plus
grande étendue, parceque les vibrations
dans le fluide élastique se communiquent

dans tous les sens. Soit **S** (*fig.* 52) un point lumineux vibrant, nous pourrons représenter les ondes qui se propagent du côté de A par des arcs de cercles concentriques *ab*, *cd*, *a'b'*, *c'd'*, *a''b''*, *c''d''*.... Les distances d'un arc à l'autre étant égales à une demi-ondulation. Si les arcs tracés en lignes pleines représentent le maximum de vitesse en avant, les arcs ponctués représenteront le maximum de vitesse en arrière. Dans toutes nos constructions, c'est ainsi qu'on pourra représenter les ondes lumineuses.

92. C'est par la durée de l'oscillation complète du corps vibrant, et par le temps plus ou moins long, pendant lequel les vibrations se propagent dans le fluide, qu'on pourra déterminer la longueur *d* d'une ondulation entière. En effet, après la première oscillation complète du corps vibrant, le premier ébranlement sera d'autant plus loin que la propagation du mouvement est plus rapide, et la durée de cette oscillation plus longue. Pour un même milieu et une même promptitude de propagation, on trouve que la longueur des on-

dulations doit être seulement proportionnelle à la durée des vibrations. D'un autre
côté, si les forces qui produisent les vibrations sont toujours les mêmes, le calcul fait
voir que les oscillations sont de même durée, quelle que soit la grandeur des amplitudes, ce qui engendre des ondulations d'é-
gale longueur, et comme l'éther répète
tous les mouvemens du corps vibrant, les
oscillations différeront par l'énergie des vibrations du fluide qui doivent être proportionnelles en amplitude à celles des particules éclairantes. D'après cela l'énergie de
la sensation que les oscillations du fluide
produiront en nous dépendra de l'amplitude des oscillations qui déterminent le degré de vitesse absolue avec laquelle elles se
meuvent.

Donc *l'intensité des vibrations de l'éther
déterminera l'intensité de la lumière.*

Mais *la nature de la lumière ou sa couleur dépendra de la durée de chaque oscillation, ou de la longueur de l'ondulation
proportionnelle à cette durée.*

Lorsque la *nature de la lumière est la*

même, ou en d'autres termes lorsque la durée d'oscillations ne varie pas, la vitesse absolue de la lumière, est comme il a été dit, proportionnelle à l'amplitude des vibrations.

Tels sont les résultats du calcul. Voyons si les mêmes résultats sont applicables aux lois de l'intensité de la lumière.

93. On doit *dans le système des ondulations mesurer l'intensité de la lumière par la force vive, ou par le carré de la vitesse multiplié par la densité du fluide.* Alors le mouvement vibratoire s'éloignant du centre d'ébranlement, et se répandant sur une surface plus étendue, doit continuellement s'affaiblir. Par le calcul on fait voir que cette diminution est en raison de la distance. Le carré de cette vitesse diminuera donc en raison du carré de la distance; donc le carré de cette vitesse multipliée par la densité du milieu ou l'intensité de la lumière, doit décroître en raison du carré de la distance au point lumineux. Conclusion analogue à celle du n° 27.

Remarquons de plus que l'hypothèse faite

dans le numéro cité est justifiée par la nature de la force vive que nous avons prise pour mesure de l'intensité de la lumière. En effet : la somme des forces vives comprise dans l'onde reste constante, car la surface totale d'une onde augmente en raison du carré de sa surface au centre : il faut donc que la quantité de fluide ébranlé soit proportionnelle au carré de la distance; or le carré des vitesses absolues doit diminuer dans le rapport que les masses ont augmentées; donc la somme des produits des masses par le carré des vitesses reste constante. Ainsi la somme des forces vives qui animent les molécules d'éther à la surface du cercle *cd* (*fig.* 12), ou sur la calotte CED (*fig.* 13) est égale à la somme des forces vives des molécules éthérées qui sont sur la surface CD (*fig.* 12) ou sur la calotte sphérique AB (*fig.* 13), ce qui exige que les intensités de la lumière en *cd* ou en CD, et en CED ou en AIB soient en raison inverse de l'étendue des surfaces. L'hypothèse du numéro cité est donc une suite de la

théorie des ondulations, la conclusion qu'on
en déduit est donc légitime.

Réciproquement si on admet l'hypothèse
du n° 27, comme une vérité de fait, on
sera conduit à prendre la force vive pour
mesure de l'intensité de la lumière. Car
c'est un principe de la mécanique des fluides élastiques que la somme des forces vives reste toujours constante de quelque
façon que l'ébranlement s'étende ou se subdivise, on est donc légitimement conduit à
prendre cette force pour mesurer l'intensité
de la lumière.

94. La théorie des ondulations rend donc
compte des phénomènes exposés dans le
chapitre premier, première partie. Mais
avant d'aller plus loin, parlons de quelques
objections adressées à cette théorie.

Comment l'éther si peu résistant, si in-
tangible, si rare, est-il ébranlé par les molécules des corps qui nous paraissent lumineux? On peut bien admettre l'ébranlement de l'éther sans connaître sa cause,
et de cette ignorance nous ne devons pas
conclure qu'il ne peut avoir lieu. L'ébran-

lement qui se propage du soleil jusqu'à nous en 8 minutes environ doit être extrêmement grand et les vibrations très rapides. Mais est-il produit par l'action directe des molécules du corps lumineux, ou bien l'éther condensé dans ce corps agirait-il sur l'éther environnant? c'est ce qu'on ne sait pas. Les densités de l'éther doivent être différentes dans chaque substance, mais comment ce fluide est-il retenu dans chacune d'elles en cet état de condensation? C'est encore un fait dont la cause est inconnue, qui doit dépendre de la nature de l'éther et de ses rapports avec les autres substances. Les données sur ce fluide si subtil, si élastique, sont si peu nombreuses que nous devons avouer notre ignorance à cet égard, mais non pas pour cela nier l'existence de cette matière. La gravitation universelle découverte par l'immortel *Newton*, est une loi générale, bien démontrée par les faits et les observations, mais dont on ignore la cause. Elle n'en existe pas moins. Lorsque les faits seront assez nombreux, lorsqu'on connaîtra tou-

te leur dépendance mutuelle, il est probable que, par le puissant moyen du calcul, et par une analyse savante, on remonte
aux causes, et on découvre toutes les propriétés de l'éther, qui paraît être la première cause des phénomènes lumineux,
électriques et calorifiques, et sûrement
d'une infinité de faits naturels qui nous
sont encore inconnus.

Puisque les ondes lumineuses se propagent dans tous les sens, il est impossible,
disent les adversaires de la théorie des ondulations, d'admettre la propagation d'un
filet isolé de lumière. Voici la réponse à
cette objection tirée du mémoire que M.
Poisson, a lu à l'académie des sciences en
mars 1823. « Je démontre, dit-il, que la
» propagation des ondes se fait avec la
» même vitesse dans tous les sens autour
» de l'ébranlement primitif, ou autrement
» dit que les ondes sont toujours sphériques
» quoique les vitesses propres des molécu-
» les des fluides sont différentes sur les dif-
» férens rayons. Mais il faut néanmoins
» observer que si l'ébranlement primitif a

*

» lieu dans un seul sens, s'il a consisté par
» exemple dans les vibrations d'une portion
» de fluide, le mouvement ne se propagera
» sensiblement que dans le sens de ces vi-
» brations. Les ondes produites seront en-
» core sphériques, mais sur les rayons incli-
» nés par rapport à la direction principale
» du mouvement, les vitesses propres des
» molécules fluides seront insensibles rela-
» tivement à celles qui auront lieu dans cette
» direction, et sur les rayons qui en sont
» très rapprochés, et l'affaiblissement du
» mouvement en s'écartant de sa direction
» principale sera d'autant plus rapide que
» la vitesse de propagation sera plus con-
» sidérable. (*Voyez annales de chimie et
de physique*, 1823.) C'est de cette manière
qu'on pourra considérer la propagation
d'un filet de lumière isolé. Ainsi, un des
principaux argumens contre la théorie des
ondulations tombe de lui-même par ce seul
résultat du calcul et de l'analyse mathématique.

CHAPITRE II.

———————

95. M. Poisson, par une analyse savante,
a cherché ce que deviennent les ondes lumineuses lorsqu'elles atteignent la surface
d'un autre milieu dans lequel la vitesse de
propagation est donnée, et la même dans
toutes les directions. En supposant la surface de séparation plane, et indéfiniment
prolongée, voici les résultats de son analyse : l'onde arrivée à la surface de séparation se partage en deux autres, dont l'une
continue de se propager dans le second
milieu en changeant de forme et de figure,
et l'autre toujours sphérique et ayant la
largeur constante de l'onde primitive est
réfléchie en sens opposé dans le premier
milieu. Les oscillations des molécules flui-

des s'exécutent perpendiculairement à la surface de l'onde réfléchie. Son centre et celui de l'onde primitive sont situés sur la même normale à la surface de séparation des deux fluides, et l'un et l'autre à la même distance de cette surface. (*Voyez annales de chimie et de physique*, année 1823.)

Cela posé, soit C (*fig.* 53) le centre de l'incidente, AA′ la surface réfléchissante ou de séparation des deux milieux; sans cette surface l'onde eût continué sa route et pris la forme DFKE, mais elle est réfléchie suivant FIG de telle sorte que les centres C et C′ de l'onde incidente DFKGE, et de l'onde réfléchie FIG, soient sur une même perpendiculaire CC′ à la surface AA′, et que CO $=$ CO′. La loi de la réflexion va résulter de cette conclusion déduite de l'analyse. En effet, soit AA′ une surface parfaitement plane et polie, sans elle le rayon CM arriverait en N. Mais d'après ce qui vient d'être dit, il prendra la direction MN′ comme s'il venait directement de C′. Alors l'égalité des triangles CoM, C′oM donne l'angle CMo $=$ l'angle oMc′

⹀l'angle SMA′; et si l'on mène la normale *nn′* au point M, on aura l'angle d'incidence CM*n* ⹀ l'angle de réflexion SM*n*. On voit de plus, que le rayon incident CM et le rayon réfléchi MS sont tous deux dans un même plan SMC, normale à la surface réfléchissante AA′, puisqu'après s'être croisé en M, ils vont rencontrer tous deux la même droite CC′.

96. D'après cela la réflexion spéculaire sera d'autant plus parfaite que la surface réfléchissante sera mieux polie. Car supposons-la garnie de beaucoup d'aspérités; elles réfléchiront l'onde dans une infinité de directions, ce qui produira la réflexion rayonnante. Dans ce cas si les rayons incidens deviennent de plus en plus obliques à la surface réfléchissante, frappant seulement le sommet des aspérités qui sont plus ou moins dans le même plan, la réflexion spéculaire deviendra de plus en plus grande. S'il est des rayons qui atteignent les surfaces latérales de ces aspérités, ils se perdront dans les cavités, et deviendront invisibles pour l'œil. Ainsi, à mesure qu'on

augmentera l'inclinaison des rayons incidens sur la surface réfléchissante, la réflexion spéculaire augmentera, et par suite
la réflexion rayonnante diminuera.

97. La démonstration précédente, basée
sur un fait analytique, est par cela même
revêtue de toute la rigueur mathématique.
En voici une autre qui n'est autre chose
que celle de Huygens, modifiée. Mais avant
parlons de la théorie des interférences qui
lui sert de fondement.

Théorie des interférences. Désignons
par AB, (*fig.* 54) A'B' la marche de deux
ondes entières suivant la même direction.
Supposons que dans leur route elles diffèrent d'une demi-ondulation, en sorte
qu'elles ne se superposent que sur une
moitié de leur longueur CB et AC'; si elles
ont la même intensité, elles se neutralise-
ront dans la partie commune, parcequ'elles
y agissent en sens contraire, et que par
conséquent elles impriment à l'éther des
impulsions égales et directement opposées;
mais le mouvement vibratoire subsistera
dans les deux demi-ondulations AC et C'B'.

Soient AG et A'G' (*fig.* 55) deux systèmes d'ondes suivant encore la même direction. Supposons que les ondes de ces
deux systèmes coïncident, mais de telle manière que la différence de leur marche soit
d'une demi-ondulation; alors les demi-
ondes de l'une qui tendent à pousser l'éther
dans un sens, coïncident avec les demi-ondes
de l'autre qui tendent à le pousser en sens
contraire, ce qui doit produire l'équilibre,
si elles ont la même intensité. Alors le mouvement sera détruit dans toute l'étendue
des deux systèmes, excepté dans les deux
demi-ondulations extrêmes AA', GG', qui
ne sont qu'un infiniment petit par rapport à
chaque système; donc la presque totalité
du mouvement est anéantie. Or, comme la
lumière est le résultat de la succession d'un
grand nombre de vibrations, le choc unique d'une demi-ondulation ou même d'une
ondulation entière ne doit pas ébranler le
nerf optique, et il résultera de l'obscurité
de l'interférence des deux systèmes d'ondes
AG et A'G'. Au contraire si les deux systèmes différaient dans leur marche d'une

ondulation entière, la coïncidence aurait
lieu entre les mouvemens des deux groupes, les vitesses d'oscillations s'ajouteraient
dans les points où il se superposeraient.
L'intensité de la lumière dans ce cas est à
son maximum.

On conçoit actuellement que si la différence de marche entre deux systèmes d'onde
est 3, 5, 7..... et en général un nombre
impair de demi-ondulations, il y a neutralisation mutuelle dans presque la totalité du système, parceque la superposition a
lieu entre les demi-ondes qui apportent à
l'éther des mouvemens contraires, et presque tout le mouvement est détruit, ce qui
produit de l'obscurité comme tout à l'heure;
pourvu toutefois que la différence de marche ne soit pas trop considérable; car les
ondes qui échappent à l'interférence augmentant en nombre, finiraient par produire
de la lumière. Au contraire si la différence
de marche dans les deux systèmes est un
nombre exact d'ondulations entières, il y
aura maximum dans l'intensité de la lumière produite.

98. *Interférence des rayons dans la réflexion*. Soit S*o* et S′*o*′ deux rayons incidens infiniment près l'un de l'autre (*fig.* 56), partant d'un même point très éloigné par rapport à leur distance *o*N. On peut les regarder comme sensiblement parallèles entre eux. Si AA′ est la surface réfléchissante *o*N perpendiculaire à S*o*, S′*o*′ sera la direction de l'onde incidente au moment où S*o* rencontre la surface réfléchissante AA′. Admettons avec Huyghens, que tous les points de cette surface successivement ébranlés par l'onde qui arrive en *o* avant d'arriver en *o*′ deviennent des centres d'ébranlement, qui agissent isolément et envoient des rayons dans une infinité de direction et avec des intensités différentes. Si la surface AA′ est supposée infinie, ou pour parler plus exactement, si on considère des rayons S*o*, S′*o*′ assez éloignés des bords, je dis que tous les rayons réfléchis seront en discordance, excepté ceux qui ont la direction *o*R, *o*′R′ telle que l'angle A*o*S = A′*o*R et A*o*′S′ = A′*o*′R′. En effet , les rayons élémentaires parallèles *o*R, *o*′R′

14

réfléchis auront la même intensité et le même mouvement vibratoire, puisque tout est égal de part et d'autre, il en est de même des rayons parallèles or, o'r'.

1° Les premiers dans leur marche seront d'accord; car les rayons points o et N de l'onde oN vibrent de la même manière étant à égale distance du point de départ : mais No' est la portion de chemin que le rayon S'o' a parcourue de plus que le rayon So pour arriver à la surface réfléchissante. oN' est la portion de chemin que le rayon réfléchi en o suivant oR parcourt, pendant que le rayon S'N va de N en o'. Mais les triangles Noo', oN'o' sont égaux; donc No' = N'o, et lorsque le rayon So arrivera en N', le rayon S'o' sera en o', les points N' et o' seront d'accord, c'est à dire vibreront de la même manière : il en est de même des points N'', o''; N''', o''';.... la coïncidence de ces rayons produira donc de la lumière.

2° Au contraire les rayons réfléchis suivant or', o'r' ne vibreront pas d'accord; car en menant la perpendiculaire o'I, com-

mune à ces rayons, on trouve $No' > oI$.
Les points o' et I pourront alors ne pas
vibrer de la même manière, et lorsque le
rayon $S'N$ arrivera en o', le rayon So réfléchi suivant or, aura dépassé le point I.
Il en résultera une discordance qui aura
lieu pendant tout le reste de la route.
Mais comme on peut prendre la distance oo'
telle que la différence entre No' et oI soit
exactement une demi-ondulation, les deux
rayons or, $o'r'$ seront en discordance complète, et se détruiront mutuellement.

On pourrait dire que le rayon or ne détruit que la moitié de l'effet du rayon $o'r'$.
Mais comme on peut prendre $o'a = aa'$
$= .... = oo'$, le rayon ar'' détruira l'autre
moitié de $o'r'$, et ainsi de suite jusqu'au
bord, ainsi les rayons réfléchis non détruits
sont ceux qui font l'angle d'incidence égal
à l'angle de réflexion.

Le raisonnement précédent ne dit pas
que les rayons incidens So, $S'o'$, et les
rayons réfléchis oR, $o'R'$ sont dans un
même plan perpendiculaire à la surface réfléchissante ; mais il est facile de faire voir

que ces rayons n'échappent à l'interférence que lorsque cette condition est remplie. Nous compléterons donc la démonstration de Fresnel, comme il suit :

Soit SO un rayon incident ; AA' (*fig.* 57) la droite d'intersection du plan réfléchissant, et du plan qui lui est perpendiculaire et mené par SO. Soit *or* un des rayons envoyés dans tous les sens par le point *o*, mais tel que l'angle *ro*A' $=$ l'angle *So*A. Si ce rayon n'est pas dans le plan *So*A il échappera à la réflexion et sera détruit; en effet, que S'*o*' soit un rayon parallèle à S*o*, et infiniment voisin, mais hors du plan AOS, on pourra toujours prendre le point *o*' sur la surface réfléchissante, tel que le rayon réfléchi *o*'*r*', et parallèle à *or* détruise en partie ce dernier par son interférence. Qu'on mène *o*N, *o*'N' perpendiculaires respectivement aux deux systèmes de parallèles S*o*, S'*o*' et *or*, *o*'*r*'. Alors pour lier ce cas au précédent, il suffira de faire voir que N*o*' et *o*N' ne sont pas égaux. Or, l'angle solide trièdre *o*AS*a*, et l'angle solide trièdre *ora*'A' dont le sommet *o* est commun, sont tels

'que l'angle SoA = raA', Aoa = A'oa';
mais l'inclinaison du plan SoA sur Aoa est
un angle droit, l'inclinaison de roA' sur
A'oa' est un angle aigu; donc l'angle Soa
est plus grand que roa'. On a donc l'angle
No'o>N'oo', ce qui conduit à No'<oN'.
Et comme on peut prendre le point o'
de manière que la différence de ces lignes
soit exactement une demi-ondulation, nous
rentrons dans le cas précédent. Les seuls
rayons qui ne soient pas détruits par l'interférence sont donc ceux qui sont situés
dans le plan des rayons incidens perpendiculaires à la surface réfléchissante. Voilà
la démonstration des lois de la réflexion
par la théorie des interférences appliquée à
l'hypothèse de Huyghens *.

---

* La démonstration des lois de la réflexion, et
celle des lois de la réfraction que nous donnerons
plus loin, déduites de la théorie des interférences,
sont sujettes à des difficultés qu'on ne rencontre
pas en partant des résultats des calculs de M. Poisson. (*Voyez à ce sujet la lettre de ce dernier à
Fresnel, et la réponse de celui-ci. Annales de
chimie et de physique,* 1823.)

99. Si par un moyen quelconque on fait abstraction du rayon $o'r'$ et de tous ceux qui par leur interférence détruisent le rayon or, ce dernier deviendra visible. On vérifie ce fait au moyen d'un miroir métallique, ou d'une glace noircie par derrière qu'on recouvre d'un papier noir bien mat, à l'exception d'un petit espace un peu long et très étroit, compris entre deux lignes droites qui font entre elles un angle très aigu. Alors l'espace capable de réfléchir va continuellement en augmentant depuis le sommet de cet angle où il est nul jusqu'aux limites des côtés. Si on fait réfléchir la lumière par ce miroir, et si on la reçoit ainsi sur un carton blanc, en l'observant avec une loupe, on voit que le faisceau réfléchi par le sommet de l'angle est beaucoup plus large que celui qui vient de la partie opposée. Ce qui prouve que la divergence des rayons est d'autant plus grande que l'espace est plus étroit.

100. On voit dans cette théorie des interférences pourquoi la réflexion rayonnante est si grande quand la surface réflé-

chissante n'est pas bien polie. Car alors les rayons *or*, *o'r'* ne partent plus de deux points situés sur le même plan mathématique comme on l'a supposé, ce qui s'oppose à leur neutralisation réciproque, parceque la différence de leur marche n'est plus la même.

Ainsi la théorie des ondulations rend parfaitement compte des lois de la réflexion de la lumière.

CHAPITRE III.

THÉORIE DE LA RÉFRACTION DANS L'HYPO-
THÈSE DES ONDULATIONS.

————

101. *Résultats du calcul.* Supposons une onde lumineuse se propageant de proche en proche, et arrivant à la surface d'un corps diaphane dans lequel la densité de l'éther est différente de celle du premier. Que la vitesse de propagation dans ce nouveau milieu soit donnée, et de plus la même dans toutes les directions, que la surface de séparation des deux fluides soit plane et infiniment prolongée, voici ce que l'analyse donne :

« Chaque onde produite dans le premier » fluide engendre une onde correspondante » dans le second; celle-ci n'est plus sphéri- » que comme celle dont elle dérive; néan- » moins les vitesses propres des molécules

» fluides sont encore perpendiculaires à la
» surface. De plus, si l'on prolonge la nor-
» male à cette surface jusqu'à ce qu'elle ren-
» contre la surface de séparation des deux
» fluides, et que l'on joigne le point de
» rencontre et le centre de l'onde primi-
» tive, on aura ainsi deux droites que l'on
» pourra prendre pour les rayons des on-
» des réfractées et incidentes; or, on trouve
» que ces deux rayons sont dans un même
» plan perpendiculaire à la surface réfrin-
» gente, et font avec la normale à cette
» surface des angles, dont les sinus. sont
» dans un rapport constant, conformément
» à la loi de Descartes. (*Lois de la réfrac-*
» *tion, chap.* III, *première partie.*) » Et ce
» rapport est tel que le sinus d'incidence est
» au sinus de réfraction, comme la vitesse
» de propagation dans le premier fluide
» est à cette vitesse dans le second; c'est à
» dire que le milieu le plus réfringent est
» celui dans lequel la vitesse de la lumière est
» la plus petite, comme on le suppose dans
» la théorie des ondulations. Ainsi la loi de la
» réfraction ordinaire est rigoureusement

» démontrée dans cette théorie, qui ne le
» cède plus à cet égard à la théorie new-
» tonienne. » (*Annales de chimie et de
physique*, 1823. *Mémoire de Poisson.*)

Cela posé, soit S (*fig.* 58 et 59.) le centre d'ébranlement qui produit l'onde sphérique *adbc.* Si AA′ est la surface de séparation des deux milieux, la partie *adb* de
l'onde au lieu de continuer d'être sphérique changera de forme et deviendra *aeb*
appartenant à l'éllipsoïde *faeb.* Si la propagation est plus prompte dans le second milieu, la partie de l'onde *aeb* (*fig.* 58) enveloppera la calotte sphérique *adb* qui re-
présenterait l'onde sans l'action du second
milieu. Or, la normale S′o à la surface
courbe *acb* au point *n* représentera le rayon
réfracté en *o*; So sera le rayon incident.
Ces deux rayons seront dans un même plan
normal à la surface réfléchissante. De plus
l'angle de réfraction S′oN′ sera plus grand
que l'angle d'incidence SON, et on aura
constamment $\frac{\sin. \text{SoN}}{\sin. \text{S}'o\text{N}'} = \frac{\text{V}}{\text{V}'}$. Les quantités V
et V′ expriment respectivement les vitesses
de propagation dans le premier et dans le

second milieu. On voit que dans ce cas, le second milieu est moins réfringent que le premier, et que V est plus petit que V'.

Au contraire, si la propagation est moins prompte dans le second milieu, la calotte sphérique *adb* (*fig.* 59) enveloppera l'onde réfractée *aeb*. Alors la normale *o*S' au point *n* de cette suface courbe sera le rayon réfracté en *o*, mais le rayon incident est S*o*, on a donc l'angle de réfraction N'*o*S' plus petit que l'angle d'incidence S*o*N. On est toujours conduit à l'équation $\frac{\sin. SoN}{\sin. S'oN'} = \frac{V}{V'}$; dans ce cas le second milieu est plus réfringent que le premier, et V est plus grand que V'.

Telle est dans l'hypothèse des ondulations la démonstration la plus rigoureuse des lois de la réfraction.

102. La théorie des interférences appliquée au principe de Huyghens donne aussi une démonstration des lois de la réfraction.

Soit AA' (*fig.* 60) la surface de séparation des deux milieux, S*o*, S'*o*' deux rayons incidens parallèles, et infiniment

proches et qu'on peut regarder comme venant d'un même plan lumineux infiniment
éloigné. oN perpendiculaire commune à
ces rayons sera la direction de l'onde incidente. Lorsque le rayon so arrivera en o,
le rayon $s'o'$ ne sera qu'en N, il aura donc
No' à parcourir de plus que le premier
avant de toucher la surface réfléchissante.
Celle-ci étant ébranlée, chacun de ses points
d'après l'hypothèse d'Huyghens, deviendra
un centre d'ébranlement, d'où se propage-
ront des ondes dans le second milieu. En
ne considérant que les points o et o', voyons
parmi ces rayons ceux qui seront détruits
par l'interférence et ceux qui produiront
de la lumière. Soient les deux rayons réfractés oR et o'R$'$ parallèles, supposons que
ces rayons soient d'accord dans leur marche, lorsque le rayon o'R$'$ partira du point
o', le rayon oR sera en N$'$, par conséquent
le rayon S$'o'$R$'$ mettra autant de temps pour
venir de N en o' que le rayon SoR en
met pour venir de o en N$'$: il faudra donc
que ces deux espaces soient proportionnels

aux deux vitesses V et V' de propagation
dans les deux milieux, ou aux deux longueurs d et d', d'ondulations dans ces milieux, ou que No' contienne autant d'ondulations d que oN' contient d'ondulations
d'; on aura donc No' : oN' :: d : d'.

Menons la normale MM' à la surface
des deux milieux. On aura l'angle Noo' =
l'angle No'M, et l'angle oo'N' = R'o'M'.
Mais les triangles Noo' et oN'o' donnent

| : sin. Noo' ou sin. No'M :: oo' : No'
| : sin. oo'N ou sin. R'o'M' :: oo' : N'o.

Il en résulte

sin. No'M : sin. R'o'M' :: No' : oN' :: d : d'

Ce rapport est indépendant de l'incidence
des rayons So, S'o', et nous voyons que
pour que la concordance existe entre les
ondulations des rayons oR' et o'R' il faut
que ce rapport soit constant. Tout autre
rayon or, o'r' ne sera pas dans le même
cas. Car les chemins No', on parcourus dans
le même temps ne seront plus entre eux

comme d et d', puisque on est plus grand que oN', et comme on peut prendre oo' assez petit pour que ces deux lignes diffèrent entre elles de $\frac{1}{2}d'$, ces rayons se détruiront en partie; r'' de même o'' détruira une partie de $r'o'$ et $r'''\,o'''$ une partie de $o''\,r''$, etc. jusqu'aux limites de la surface AA'.

On voit donc que parmi les rayons produits dans le second milieu, et qui sont dans le plan AoS normal à la surface AA', il n'échappe à l'interférence que ceux qui font un angle de réfraction, tel que le sinus d'incidence soit au sinus de réfraction dans un rapport constant, ce qui s'accorde avec la loi de Descartes *. Cette neutralisation

---

* Cette démonstration ne prouve pas que le rayon incident et le rayon réfracté sont dans le même plan normal à la surface réfléchissante. Nous ne chercherons pas à la compléter comme nous avons fait de celle de la réflexion. Au reste, cette démonstration est sujette aux difficultés énoncées dans le chapitre précédent, note *. On doit donc être satisfait de celle que donne le calcul rigoureux de Poisson.

n'est complète que pour les points éloignés
des bords de la surface; quant à ceux qui
sont à cette limite, on y remarque un phénomène analogue à celui qui s'est mani-
festé dans la réflexion.

104. On a vu, *première partie*, que
lorsque la lumière passe d'un milieu plus
réfrangible dans un milieu qui l'est moins,
la réfraction n'existe plus, et que tous les
rayons sont réfléchis; ce qui conduirait à
admettre que le second milieu frappé sous
certaine direction par les vibrations excitées dans le premier, n'est nullement
ébranlé, chose difficile à concevoir et qui
a fourni à Newton un argument contre
l'hypothèse des ondulations. Mais depuis
ce grand génie, l'analyse perfectionnée par
ses successeurs a démontré que la couche
du second milieu, en contact avec le premier, éprouve réellement des ondulations
et reçoit des vitesses sensibles; mais les
uns et les autres diminuent rapidement à
mesure que l'on s'éloigne de la surface de
contact, et deviennent presque nuls à une
très petite distance comparable à la lar-

geur de l'onde. Ainsi, la lumière pénètre réellement dans le second milieu, mais à une distance extrêmement petite, et ce serait absurde de dire qu'elle n'y pénètre pas du tout.

CHAPITRE IV.

DE LA CHROMATIQUE, OU DISPERSION DE LA LUMIÈRE DANS L'HYPOTHÈSE DES ONDULATIONS.

——— ·—◦◦—· ———

104. Nous avons vu que la lumière blanche qui traverse un prisme est séparée et dispersée, pour ainsi dire, en rayons colorés dont elle paraît composée, et que ces rayons après la dispersion suivent des routes différentes. Il faut donc, pour que ces rayons soient inégalement réfractés, que les ondulations qui les produisent, et qui sont de diverses longueurs ne se propagent pas avec la même vitesse dans les mêmes milieux; car les sinus d'incidence et de réfraction sont toujours entre eux comme les vitesses de propagation dans les deux milieux; et comme le premier rapport varie d'un rayon à l'autre, et que la première vitesse ne varie pas, il faut que la seconde

change pour chaque rayon. Ainsi, en passant d'un milieu moins réfringent dans un
milieu plus réfringent, les ondes de diverses longueurs ne doivent pas toutes être
raccourcies dans un même rapport. De même
elles ne seront pas alongées dans le même
rapport en passant d'un milieu plus réfringent dans un moins réfringent.

Ainsi, dans l'hypothèse des ondulations,
la lumière blanche est produite par une
infinité de systèmes d'ondes de diverses
grandeurs. Un système unique excite en
nous la sensation d'une couleur, et tous
agissant simultanément sur la rétine produisent la sensation de blancheur.

104. On objecte à cette théorie qu'elle
n'est pas d'accord avec les résultats du calcul de M. Poisson sur la propagation des
ondes. M. Fresnel répond à cela que ces
calculs sont fondés sur l'hypothèse suivante,
que *chaque tranche infiniment mince du
fluide n'est repoussée que par la tranche
en contact, et qu'ainsi la force accélératrice ne s'étend qu'à des distances infiniment petites relativement à la longueur*

d'une ondulation, qui pourrait bien être inexacte pour les ondes lumineuses, dont la plus grande n'a pas comme on verra un millième de millimètre; alors ajoute-t-il :

« Si la sphère d'activité des forces accéléra-
» trices s'étend à des distances sensibles re-
» lativement à la longueur des ondes lu-
» mineuses, celles qui sont les plus longues
» doivent être moins ralenties dans leur
» marche par les milieux denses, ou moins
» raccourcies en proportion que les ondula-
» tions plus courtes, et par conséquent doi-
» vent être moins réfractées.

Mais l'analyse a démontré à Poisson que la vitesse de propagation des ondes isolées est la même que celles des ondes en séries. Cependant concluons avec lui :
« qu'il n'est pas démontré que la largeur
» des ondes lumineuses ne puisse avoir
» quelque influence sur cette vitesse de pro-
» pagation, si l'on suppose que le rayon
» d'activité des forces, qui produisent l'é-
» lasticité de l'éther ait une étendue com-
» parable à cette très petite largeur. Mais
» on devra en même temps concevoir que

» le calcul de cette influence serait un pro-
» blème difficile, et qu'il n'est pas aisé de
» savoir *à priori* ce qui en résulterait rela-
» tivement à l'inégale réfrangibilité des
» ondes de largeurs différentes. » (*Mémoire de Poisson.*)

On voit par là que la théorie de la dispersion de la lumière dans l'hypothèse des
ondulations est encore incomplète, puisque
le calcul n'a encore rien donné à cet égard.

105. *Des anneaux colorés.* La théorie
des interférences explique parfaitement le
phénomène des anneaux colorés de Newton. En effet, supposons qu'une onde lumineuse arrive à la surface de contact de
deux milieux élastiques de densité différente : nous avons vu qu'il en résulte une
onde réfléchie dans le premier milieu et
une onde réfractée qui se propage dans le
second; le calcul de M. Poisson apprend
encore que la première vitesse d'oscillation
qui produit l'onde réfléchie est positive
lorsque cette onde se propage dans le milieu le plus dense, et négative lorsqu'elle se
propage dans le milieu le moins dense. Ce

résultat sert à rendre compte du phénomène des anneaux par la théorie des interférences. N'examinons que le cas de la lumière réfléchie par les verres de Newton,
sous une incidence presque perpendiculaire. Lorsqu'un système d'onde arrive à
la première face de la lame d'acier, il éprouve une réflexion, qui produit un système
d'ondes dans l'intérieur du verre supérieur,
et la lumière transmise est un peu affaiblie;
mais en arrivant à la seconde face de la
lame d'air elle éprouve une nouvelle réflexion, et les ondes qui en résultent ont
une intensité presque égale à celle des ondes qui proviennent de la première réflexion, et comme les deux faces de la lame
sont presque parallèles les deux systèmes
d'ondes suivront la même route. Mais le
premier système dévancera le second du
double de l'épaisseur de la lame, que celui-
ci parcourt deux fois avant de le rattraper.
D'un autre côté les deux mouvemens oscillatoires doivent être de ligne contraire,
le premier positif; et le second négatif, car
la première réflexion a lieu dans un milieu

plus dense, et la seconde dans un milieu moins dense. Comme on a remarqué tout-à-l'heure.

Qu'arrivera-t-il au point où l'épaisseur de la lame d'air est $\frac{1}{2}$ d'ondulation? La différence de route des deux rayons sera de $\frac{1}{2}$ ondulation, ce qui produit une discordance complète dans les deux rayons. Mais la différence de signe dans les deux mouvemens vibratoires équivaut à une différence d'une demi-ondulation, ce qui produit un accord parfait et par conséquent de la lumière. Par un raisonnement analogue on verra que si d a une ondulation lumineuse dans l'air, les points les plus éclairés des anneaux brillans correspondent aux épaisseurs de la lame d'air égales à $\frac{1}{4}d$, $\frac{3}{4}d$, $\frac{5}{4}d$, $\frac{7}{4}d$, $\frac{9}{4}d$, etc., et que les points les plus noirs des anneaux obscurs répondent aux épaisseurs o, $\frac{1}{2}d$, $\frac{2}{2}d$, $\frac{3}{2}d$, etc..... Soit $\frac{1}{4}d = a$ on aura pour les épaisseurs correspondant

aux anneaux obscurs

o, $2a$, $4a$, $6a$, $8a$, $10a$, etc.....

aux anneaux brillans

a, $3a$, $5a$, $7a$, $9a$, $11a$, etc.....

Ainsi on pourra déterminer la grandeur des ondulations de chaque rayon homogène en quadruplant les épaisseurs que Newton a trouvées dans son expérience des anneaux, et qu'il appelle *accès des molécules lumineuses* *.

Il est facile actuellement de concevoir pourquoi, pour une lumière homogène les deux verres de Newton produisent des anneaux brillans et obscurs si prononcés, et

---

* Voici cette longueur pour les sept couleurs principales du spectre calculée par la formule $d = 4a$ en partant des mesures de Newton

Violet, indigo, bleu, vert, jaune, orangé, rouge.

$0^{mm},000423$; $0^{mm},000449$; $0^{mm},000475$; $0^{mm},000512$ $0^{mm},000551$; $0,000583$; $0^{mm},000620$

Ce sera la grandeur de d pour chaque rayon lumineux.

des anneaux diversement colorés, pour une lumière blanche.

Les anneaux vus par réfraction résultent de l'interférence des rayons transmis directement avec ceux qui ne le sont qu'après deux réflexions successives dans la lame mince d'air, ils doivent donner les couleurs complémentaires des anneaux réfléchis. Nous ne nous arrêterons pas à ce cas. Enfin, si on augmente l'obliquité des rayons incidens, on verra facilement pourquoi le diamètre des anneaux augmente aussi.

Mettons actuellement de l'eau entre les deux verres qui produisent les anneaux. Les ondulations lumineuses deviennent plus courtes dans ce fluide suivant le rapport du sinus de l'angle d'incidence des rayons qui passent obliquement de l'air dans l'eau au sinus de leur angle de réfraction ou dans le rapport 3 à 4, c'est à dire que 3 des ondulations seront aussi grandes que 4 des nouvelles, et alors les épaisseurs de ces deux lames d'air et d'eau qui produisent les mêmes anneaux seront dans le même rapport; précisément comme l'a trouvé

Newton. On trouvera un rapport analogue entre les épaisseurs en substituant à l'eau une autre substance; ce qui s'applique fort bien aux couleurs données par les bules de savon, par les substances *irisées*, pas les lames minces, etc. Cette démonstration est due au docteur Young.

CHAPITRE V.

RÉFRACTION DOUBLE ET POLARISATION DE LA LUMIÈRE DANS L'HYPOTHÈSE DES ONDULATIONS.

———

107. Puisqu'un rayon lumineux qui pénètre un cristal de spath d'Islande est en général divisé en deux rayons, les ondulations qui produisent ces derniers doivent être douées d'une vitesse différente, dont on pourra juger par le brisement qu'ils éprouvent à leur entrée, et à leur sortie sous des incidences obliques. Ainsi, au moyen du rapport de l'angle d'incidence à l'angle de réfraction, on pourra connaître les vitesses de ces rayons dans le cristal.

Huyghens attribue la double réfraction à deux différentes émanations d'ondes, l'une ayant lieu seulement dans la matière éthérée répandue dans le corps du cristal, et l'autre s'étendant indifféremment, tant dans là matière éthérée que dans les particules du cristal même. (*Voyez son traité de la lumière, pag.* 58, *édition de Leyde*, 1690.) Les expériences de ce physicien distingué, celles de Wollaston, Malus et Biot ont fait découvrir la loi des vitesses de ces **deux** systèmes d'ondes. Soient V et V' les vitesses respectives des rayons ordinaires et extra-ordinaires, ou des ondes lumineuses qui les produisent; la différence des fractions $\frac{1}{V^2}$ et $\frac{1}{V'^2}$ est proportionnelle au carré du sinus de l'angle que le rayon extraordinaire fait avec l'axe. Suivant la direction de cet axe, les deux vitesses seront égales, car le sinus dont il s'agit étant nul, on a $\frac{1}{V^2} = \frac{1}{V'^2}$ d'où $V = V'$

La différence $\frac{1}{V^2} - \frac{1}{V'^2}$ est positive dans certains cas et négative dans d'autres, c'est à dire que quelquefois le rayon ordinaire marche plus vite que le rayon extraordi-naire, quelquefois c'est le contraire. Le cristal de roche offre un exemple du pre-mier cas, le carbonate de chaux du second.

108. Nous avons vu que le rayon ordinaire était polarisé dans un sens, et le rayon extraordinaire dans un autre sens rectangulaire au premier. L'expérience a démontré que cette polarisation des rayons lumineux se manifeste aussi par réflexion et dans d'autres circonstances. Or, en partant de la loi de Malus sur l'intensité des rayons polarisés, loi qu'il est inutile de citer ici, Fresnel paraît avoir été conduit à cette conclusion que *les molécules éthérées ont un mouvement oscillatoire perpendiculaire aux rayons et parallèle ou perpendiculaire au plan de polarisation. Et que la lumière ordinaire est la réunion ou plutôt la succession rapide d'une infinité d'ondes polarisées dans toute sorte de directions, et que l'acte de la polarisation consiste à décomposer des mouvemens transversaux qui existent déjà dans la lumière ordinaire suivant deux plans rectangulaires, invariables, et à séparer les uns des autres les systèmes d'ondes polarisés dans ces deux sens, soit par la direction de leur rayon, soit simplement par leur différence*

de vitesse. Ce résultat que Fresnel a trouvé en partant de plusieurs expériences explique les propriétés de la lumière polarisée, la loi de Malus, et les caractères de la double réfraction. Mais il est sujet à des difficultés qui paraissent la mettre en opposition avec les calculs de M. Poisson. En effet, « quelque soit l'ébranlement primitif du » fluide, dit cet illustre géomètre, lorsque » les ondes sphériques qui en proviennent » sont parvenues à des distances très grandes » par rapport à leur largeur, les vitesses » propres des molécules sont sensiblement » perpendiculaires à leur surface; ce qui » tient à ce que l'angle que fait la vitesse » d'une molécule avec le rayon de l'onde » qui lui correspond est de l'ordre de la » largeur de l'onde divisée par ce même » rayon. Il est donc impossible que les os- » cillations des molécules, quand bien même » elles auraient été primitivement perpen- » diculaires ou inclinées sur les rayons des » ondes, conservent constamment de sem- » blables directions, comme on a cru pou- » voir le supposer pour expliquer le singu-

» lier phénomène de la non-interférence
» des rayons de la lumière polarisés en sens
» contraire; ou du moins, si l'on veut que
» cette inclinaison des ondes puisse subsis-
» ter en vertu de forces secrètes différentes
» de l'élasticité, il faudra d'abord définir avec
» précision cette espèce de force, et mon-
» trer par un calcul exact, qu'elles doivent
» produire l'effet qu'on leur attribue. »

Espérons que les travaux ultérieurs de
M. Poisson, concilieront tous ces faits, et
déduiront quelque chose de plus satisfai-
sant sur la polarisation de la lumière.

CHAPITRE VI.

———————

109. Occupons-nous d'abord du phénomène des miroirs qui produisent des franges par l'influence mutuelle des rayons réfléchis sur leur surface, et dont nous avons
parlé dans l'expérience IV du *chap. 7, pre-*
mière partie.

Soient MN (*fig.* 61), NP ces deux miroirs faisant entre eux l'angle MNP peu
différent de deux angles droits, S le point
lumineux, par les lois de la réflexion on déterminera ses images S′, S″ réfléchies dans
les miroirs NP MN. On trouvera leur position en menant SS′, SS″ respectivement
perpendiculaires à NP, MN, et prenant
S′s′ = Ss′ et S″s″ = Ss″. Soit C la posi-

tion de l'œil. Il recevra en même temps les
rayons SOC, SO′C qui seront presque parallèles, et paraîtront venir de S′ et S″.
Ainsi les ondes lumineuses parties de S réfléchies par les miroirs pourront être con-
sidérées comme ayant leur centre en S′ et
S″. Alors on fera abstraction des miroirs.
Or, pour représenter ces ondes, décrivons
de S′ et S″ comme centre, et avec des
rayons qui diffèrent successivement d'une
demi-ondulation, des arcs concentriques,
en sorte que la différence de marche des
rayons de deux arcs successifs tracés en
lignes pleines ou ponctuées, soient d'une
ondulation entière. Les arcs pleins représentent les maximum de vitesse en avant,
et les arcs ponctués, les maximum de vitesse en arrière des molécules éthérées dans
chaque système d'ondes. Alors les intersections des arcs pleins entre eux, ou des
arcs ponctués entre eux indiqueront qu'en
ces points les vibrations sont d'accord, et
les intersections des arcs pleins par les arcs
ponctués indiqueront que les vibrations
sont contraires et se détruiront, surtout si

la distance S′S″ est très petite par rapport à KC. Joignons les intersections des arcs de même espèce, et les intersections des arcs d'espèces contraires par les lignes bp, $b′p′$..... $b_{,}p_{,}$; $b_{,}′p_{,}′$, etc...., et par les lignes nr, $n′r_{,}′$... $n_{,}r_{,}$, $n_{,}′r_{,}′$... les premières représentent les milieux des bandes brillantes, et les secondes les milieux des bandes obscures.

Les arcs na, nC étant très petits, le triangle naC pourra être regardé comme rectiligne et isocèle. Il sera semblable au triangle S′S″C parcequ'ils ont les côtés perpendiculaires, ce qui donnera

$$\frac{nC}{aC} = \frac{S′C}{S′S″} \text{ d'où } 2nc = \frac{2aC.S′C}{S′SS″}$$

Mais $2nC$ représente la largeur d'une frange, $2aC$ celle d'une ondulation, *la première est donc égale à la seconde, multipliée par le rapport de la distance des images au point* C, *à l'intervalle compris entre les images.*

On trouvera encore

$$nC = \frac{aC}{\sin. i} \text{ ou } 2nC = \frac{2aC}{\sin. i} , \quad i \text{ étant l'angle S′CS″.}$$

Ce qui prouve que *la largeur d'une frange est égale à la longueur d'une ondulation divisée par le sinus de l'angle que font entre eux les rayons réfléchis, qui est en même temps l'angle sous lequel on verrait AB distances des deux images.*

On voit que le point *n* sera d'autant plus loin de *a*C que l'angle *i* ou *a*C*n* sera plus aigu. Mais cet angle égale M'NP. Donc plus cet angle sera petit, ou plus l'angle NMP des miroirs approchera des deux droits, plus les franges seront larges, et par suite apparentes.

110. Si S'' et S' au lieu de représenter les images du point S sont les projections de deux fentes fines d'un écran par où pénètre la lumière, il suffira de faire abstraction des miroirs, et la construction sera la même pour prouver comment a lieu la production des franges. On trouvera dans ce cas que la largeur des franges égale la longueur d'ondulation multipliée par l'intervalle entre deux fentes, et divisée par la distance de l'écran à l'œil, ou au point où se forment ces franges. On explique encore

de la même manière la formation des bandes obscures et brillantes qu'on observe dans l'ombre d'un corps étroit. Mais les mêmes formules ne sont plus aussi rigoureuses, et nous n'en calculerons pas d'autres pour ne pas nous éloigner de la marche que nous nous sommes tracée.

111. Nous avons parlé, *première partie*, des franges extérieures produites par l'interposition d'un corps étroit qui intercepte les rayons de lumière émanant d'un point lumineux. L'existence de ces franges a été démontrée par un assez grand nombre d'expériences sans qu'il soit nécessaire d'en rapporter ici de nouvelles. Nous dirons seulement que Fresnel a encore fait voir :

1° Que les rayons lumineux peuvent être déviés de leur direction primitive par le voisinage d'un écran. Non seulement contre les bords mêmes de l'écran, mais encore à des distances très sensibles de ces bords ;

2° Que la masse et la nature des bords de l'écran n'exercent aucune influence appréciable sur la déviation des rayons lumineux ;

3° Que la formation de ces franges extérieures ne peut avoir lieu par le concours
des rayons directs et des rayons réfléchis sur
le bord de l'écran comme l'avait pensé d'a-
bord ce physicien; car le dos d'un rasoir
qui réfléchit beaucoup de lumière ne produit pas plus de franges que le tranchant
qui en réfléchit infiniment moins.

Fresnel, pour expliquer tous les phénomènes de la diffraction, est parti du principe suivant dû à Huyghens : *Les vibrations
d'une onde lumineuse dans chacun de ses
points, peuvent être régardées comme la
résultante des mouvemens élémentaires
qu'y enverraient au même instant, en agissant isolément, toutes les parties de cette
onde considérée dans l'une quelconque de
ses positions antérieures*; auquel il a appliqué le calcul, et il en a déduit tous les
phénomènes des franges extérieures dans
le cas d'un écran indéfiniment prolongé
d'un côté, et des bandes intérieures dans
le cas d'un corps étroit; il explique encore
par le même calcul les franges produites
par une ouverture étroite, indéfinie lors

même qu'elles sont bizarres et irrégulières ;
il trouve que, lorsque l'écran est circulaire,
le centre de l'ombre doit être aussi éclairé
que si l'écran n'existait pas : enfin, il rend
compte de tous les phénomènes de la diffraction les plus compliqués, tels que les
images multipliées et colorées, réfléchies par
des surfaces rayées; celles qu'on voit à
travers les tissus fins, les anneaux colorés
donnés par des assemblages de fils très dé-
liés ou d'atomes légers situés entre l'objet
lumineux et l'œil, etc.

Mais ses démonstrations et ses raisonne-
mens sont-ils revêtus de toute la rigueur
mathématique possible? Nous n'osons l'assurer. Elles ont été le sujet d'une discussion
écrite entre MM. Fresnel et Poisson. Sans
prononcer entre ces deux savans, concluons
qu'il serait à désirer que le dernier déduisît
d'une analyse rigoureuse les phénomènes
de la diffraction comme il en a déduit plusieurs autres branches importantes de l'optique dans la théorie des ondulations.

CHAPITRE ·VII.

EFFETS CALORIFIQUES ET CHIMIQUES DES RAYONS SOLAIRES DANS L'HYPOTHÈSE DES ONDULATIONS.

112. Dans l'hypothèse des ondulations, les phénomènes de la chaleur ne doivent plus être expliqués par la matérialité du calorique. Car les vibrations de l'éther peuvent rendre compte de tous les faits observés à ce sujet. Si la plus ou moins grande réfrangibilité des rayons dépend de la grandeur des ondes, le maximum des rayons de calorique qui sont les moins réfrangibles du spectre solaire sont produits par des ondes au-delà des limites qui déterminent la grandeur des ondes lumineuses; il en est de même du maximum des rayons chimiques qui est au-delà du dernier violet. Alors le calorique ne sera plus un corps

qui se combine avec les substances pondé-
rables, mais bien une force vibrante com-
muniquée par l'éther aux corps matériels.
L'action chimique de la lumière sera une
action mécanique que le même éther vibrant exercera sur les molécules pondéra-
bles, en les obligeant à de nouveaux arran-
gemens, et à de nouveaux systèmes d'équilibre. Ainsi les phénomènes lumineux sont
le résultat des vibrations de l'éther se propageant en ondes dont les grandeurs sont
renfermées entre certaines limites, au-delà
desquelles sont d'une part la grandeur des
ondes qui causent le maximum de calorique du spectre, et d'autre part les grandeurs de celles qui causent le maximum
d'action chimique du même spectre solaire.

113. Cette hypothèse est d'autant plus
remarquable qu'on peut l'appliquer à tous
les phénomènes des fluides incoercibles. Le
fluide électrique n'est alors que l'éther lui-
même, qu'il ne faut plus regarder comme
simple mais bien composé de fluide vitré
et résineux. Dans l'état ordinaire des corps,
ces deux fluides tendent continuellement à

s'unir et se neutraliser. Leur séparation constitue l'état électrique et leur réunion se faisant avec force engendre un ébranlement dans l'éther, cause de la lumière électrique, et probablement de presque toutes les lumières sublunaires.

TROISIEME PARTIE.

SYSTÈME DE L'ÉMISSION.

Nature and nature's laws lay hid in night:
God said : let Newton be, and all was light.
POPE.

Les ténèbres règnaient sur la nature entière:
Dieu dit : que Newton soit : et tout devint
lumière. LALANDE.

CHAPITRE PREMIER.

LUMIÈRE DIRECTE DANS L'HYPOTHÈSE DE L'É-MISSION. RÉPONSE A QUELQUES OBJECTIONS.

---

114. Suivant Newton la lumière est une matière émise en ligne droite par le corps lumineux, lancée avec une vitesse extrêmement grande et douée d'une élasticité parfaite. Nous lui découvrirons par la suite d'autres propriétés qu'il est inutile d'énumérer.

115. Si la lumière part d'un point lumineux, s'étend en ligne droite en tout
sens, les rayons seront nécessairement divergens. Alors l'ombre et la pénombre
auront la forme trouvée *chap.* 1, *première*
partie. Quant à l'intensité de la lumière,
pour lier les résultats du chapitre cité à
notre théorie, il suffira de supposer que
la quantité de lumière qui éclaire le cercle
cd, se répand ensuite sur le cercle CD,
(*fig.* 12) et cela également en tous ses
points *. Il en résultera que l'intensité de
la lumière sur chacun de ces cercles sera en
raison inverse de leur surface. Ainsi les
lois de l'intensité de la lumière résultent
de la théorie de l'émission aussi bien que
de celle des ondulations.

116. Les partisans de cette dernière théorie regardent comme peu probable qu'une
molécule lumineuse parcourre 33 millions
de lieues en 8 minutes environ, ou 4 millions de lieues par minute, ou 666 mille
lieues par seconde; mais cette objection

---

* Ceci est une suite de la divergence des rayons.

tombe d'elle-même. Observons en effet, que rien n'est absolu dans la nature, et qu'une vitesse n'est grande ou petite que par rapport à une autre vitesse. Or, nos sens qui nous servent de guide, l'étendue que nous mesurons, et les forces que nous pouvons produire ont des limites; mais la nature n'a rien de commun avec cette limitation. Nos yeux peuvent à peine suivre un boulet de canon, cependant la vitesse en est très lente comparativement à celle de la terre dans son mouvement diurne; celle-ci est très lente par rapport à la vitesse du mouvement annuel, qui est très petite par rapport à celle de la lumière. Mais sont-ce là les bornes de la puissance de la nature? Et pouvons-nous dire qu'elle ne produit pas de vitesse plus grande? nous n'osons l'assurer. Il est cependant certain que la vitesse de la lumière est la plus grande qu'on ait observé jusqu'à ce jour.

117. Mais comment les rayons lumineux qui nous viennent des astres avec autant de vitesse et dans une infinité de directions, ne se nuisent-ils pas dans leur route? Il

suffit pour que cela n'ait pas lieu d'admettre que les molécules lumineuses sont extrêmement subtiles et extrêmement déliées.
Alors leur distance sera très grande relativement à leur grosseur, et elles pourront
passer les unes auprès des autres sans se
choquer.

118. Si le soleil et les astres, objecte-t-
on encore, envoient continuellement et
dans tous les sens des molécules lumineuses, ce ne peut être qu'aux dépens de leur
masse qui doit diminuer chaque jour et
finir par disparaître. En réfléchissant à la
nature de cette difficulté on reconnaîtra
qu'elle n'en est pas véritablement une. Car
où est la preuve que le soleil et les astres
ne diminuent pas? Croit-on connaître toutes les lois de la nature, et sait-on si elle n'a
pas prévu au moyen de réparer les pertes
du soleil par des voies qui nous sont in-
connues? Cette matière lumineuse que lan-
cent les astres dans tous les sens, n'est-elle
pas destinée peut-être à en former de nouveaux? En effet, Herschell avec son puissant
télescope paraît avoir suivi les progrès successifs de cette formation. Il a vu la ma-

tière lumineuse dans différentes parties du ciel répandue en divers amas, quelquefois faiblement condensée autour d'un ou plusieurs noyaux à demi-obscurs, et qu'on appelle *nébuleuses*. Ailleurs ces noyaux brillent davantage, plus loin ils se séparent et conservent chacun leur atmosphère, enfin il en est qui paraissent avoir acquis un plus grand degré de condensation et qui brillent en *étoiles*. Comme l'observe fort bien l'auteur de la mécanique céleste, de même que dans une vaste forêt on peut suivre l'accroissement des arbres sur les individus de plusieurs âges qu'elle renferme, de même par ses observations on peut conclure avec une très grande vraisemblance la transformation progressive de la matière lumineuse en étoile. Ces aperçus peuvent en quelque sorte détruire cette dernière objection. Si donc il existe des faits contraires à la théorie de l'émission, c'est par l'observation des phénomènes qu'on pourra les découvrir, et par le raisonnement et le calcul qu'on jugera de la valeur des objections qui en seront le résultat.

CHAPITRE II.

THÉORIE NEWTONIENNE DE LA RÉFLEXION.

———❦———

119. Si les molécules lumineuses sont douées d'une élasticité parfaite, on pourrait croire qu'elles sont réfléchies par une surface comme l'est un corps solide élastique qui vient choquer un plan. Mais cette explication ne soutient pas l'examen. En effet, la petitesse des particules de la lumière doit être extrême puisqu'elles traversent avec tant de facilité les corps diaphanes les plus durs, et qu'elles viennent choquer notre œil sans le blesser, quoique animées d'une vitesse infiniment grande. Or, quelque poli que soit un corps, il est encore hérissé d'aspérités et criblé de cavités accessibles à la matière lumineuse. Celle-ci venant heurter des surfaces inclinées dans tous les sens,

sera dispersée çà et là ou se perdra dans la profondeur des cavités.

120. *Force réfléchissante.* La réflexion ne peut être produite que par une force inconnue, qui ne manifeste sa présence qu'aux approches de la surface réfléchissante et qui est assez puissante pour détruire la vitesse de la lumière et lui faire changer de direction. Nous ne savons pas si elle est attractive ou répulsive, c'est à dire si elle est produite par la surface réfléchissante ou par l'action des molécules lumineuses sur elle-même. Mais quoique la nature de cette force soit inconnue, son existence est une conséquence nécessaire de la théorie de Newton.

121. *L'action de la force réfléchissante est inégale sur les molécules d'un même rayon.* En effet, dans la plupart des cas où la réflexion a lieu, une partie de la lumière incidente est réfléchie et l'autre transmise. Cette inégalité vient-elle des variations que la force réfléchissante éprouve, ou de ce que les molécules lumineuses à leur incidence ne sont pas dans les mêmes circonstances physiques et également soumises à

l'action de cette force? c'est ce que nous ignorons pour le moment; mais des observations que nous ferons par la suite rendront la seconde conséquence plus probable.

122. *Tout concourt à prouver le décroissement rapide de la force réfléchissante.* Car la direction des rayons réfléchis n'est nullement influencée par les parties de la surface réfléchissante voisines du point d'incidence, puisque la forme de la surface ne produit aucun effet sur la direction des rayons qui est toujours déterminée par l'élément superficiel situé au point de contact. D'un autre côté, l'épaisseur du réflecteur n'influe en rien sur la réflexion, à moins qu'on ne l'amincisse à un degré extrême. Ce qui vient à l'appui de ce décroissement rapide dont nous venons de parler.

Si la force répulsive se fait sentir à une distance, quoique très petite, assez étendue pour que les aspérités de la surface réfléchissante supposée plane soient insensibles par rapport à cette distance, son énergie sera la même dans toute l'étendue de la surface, alors la réflexion s'opérera de la même manière sur toutes les particules lumineuses qui auront des vitesses, des directions et des dispositions égales. Voilà le cas des corps polis. Mais si le réflecteur est peu poli, les molécules lumineuses pourront être réfléchies dans tous les sens et même s'enfoncer dans les cavités.

On conçoit actuellement pourquoi les corps polis réfléchissent mieux la lumière que les corps non polis, et pourquoi un corps peu poli réfléchit mieux les rayons obliques que ceux qui sont presque perpendiculaires. Dans ce dernier cas, les rayons tombent plutôt sur les sommets des aspérités et pénètrent plus difficilement dans les cavités.

Mais pourquoi les rayons parallèles à une surface plane et voisine de cette surface ne sont-ils pas réfléchis tous à la fois? pourquoi la lumière est-elle en général réfractée dans le cas d'un corps diaphane, et absorbée dans le cas d'un corps opaque? Pour éclaircir ces doutes, rappelons que les molécules lumineuses ne sont pas toutes également disposées à être réflé-

chies; ainsi tout ce qui a été dit ne doit être
appliqué qu'à celles qui sont dans une position physique, propre à leur répulsion.
Quant aux autres, elles échappent toutes à
l'action de la force répulsive.

Tels sont les caractères de la force répulsive réfléchissante, qu'on peut soumettre
actuellement au calcul.

123. *Trajectoire du rayon réfléchi.* Soit
So un rayon lumineux (*fig.* 62 et 63) qui se
meut dans le vide. Supposons qu'en arrivant
au point O, il éprouve l'action de la force
réfléchissante. Représentons la vitesse de la
molécule O par OC et décomposons-la en
deux autres rectangulaires OD et OB, la
première normale et la seconde parallèle à
la surface réfléchissante AA', qu'on suppose plane et infiniment prolongée de part
et d'autre. Alors l'action de la force répulsive sur une molécule lumineuse sera partout la même, et de plus perpendiculaire
au plan AA', et par conséquent opposée à
la vitesse OD. Elle tendra donc à la diminuer continuellement et par conséquent à
la détruire; tandis qu'elle n'aura aucun effet

sur la vitesse BO. Ainsi la force réfléchissante
finira par détruire entièrement la vitesse
normale, et son action constante produira
une vitesse contraire et rétrograde, toujours
normale à AA′, qui ira en augmentant avec
des valeurs successives exactement égales
aux précédentes, puisque tout est égal de
part et d'autre. Si la force réfléchissante n'é-
prouve aucune intermittence dans la manière d'agir, les vitesses normales successives combinées avec la vitesse horizontale
constante fera décrire à la molécule O la
courbe OO′ (*fig.* 62), convexe vers la surface AA′. Mais si cette force éprouve des in-
termittences dans son intensité, si elle est,
par exemple, tantôt plus faible, tantôt plus
forte, la trajectoire OO′ sera onduleuse
(*fig.* 63); dans les deux cas la branche Oe sera
toujours semblable à la branche eO′. La molécule lumineuse arrivée en O′ cesse d'éprouver l'action de la force répulsive, puisque
O′D′=OD. Elle continuera donc sa route
en ligne droite, suivant O′S′ tangente à la
trajectoire, et comme tout est parfaitement
semblable des deux côtés, les deux tan-

gentes extrêmes SO et S'O' seront dans un même plan, et également inclinées à la surface réfléchissante. Alors les angles SCn, S'Cn seront égaux. Ce qui s'accorde avec les lois de la réflexion. A cause de la petitesse de l'arc OeO' de la trajectoire, la réflexion semblera s'opérer brusquement au point C qui se confondra sensiblement avec le point e.

124. Si le réflecteur au lieu d'être dans le vide est plongé dans un milieu homogène quelconque, la force réfléchissante sera alors plus compliquée. En effet, aux environs de la surface de séparation de ce milieu et du réflecteur, le premier aura une action sur les molécules lumineuses, action qui peut être attractive ou répulsive. Alors la résultante de cette action et de celle du réflecteur produira la force réfléchissante.

125. Si l'action des deux milieux sur les molécules lumineuses était la même, comme elles seraient contraires, elles se détruiraient et les rayons continueraient leur route en ligne droite. On conçoit d'après cela la possibilité de réunir des substances de nature différente, en sorte que leur en-

semble ne produise aucune réflexion des rayons de lumière dans leur intérieur. Collez deux morceaux de verre avec de l'huile de thérébenthine épaissie ; alors les rayons de lumière, qui traverseront ce système de corps, ne seront plus sensiblement réfléchis à la surface de séparation. De même des morceaux irréguliers de borax jetés dans l'huile d'olive, y paraissent toujours transparens. L'hydraphane sèche est une pierre opaque qui réfléchit la lumière ; lorsqu'elle est humide et imbibée d'eau elle se laisse pénétrer par elle, et devient transparente.

126. Réciproquement un corps transparent peut devenir opaque par un effet contraire. Ainsi les liquides qui moussent, deviennent par l'interposition de l'air dans leurs vascuoles, susceptibles de réfléchir la lumière qui les pénétrait auparavant. Tous ces phénomènes sont le résultat des actions sur la lumière des substances qui composent ces milieux.

127. On peut expliquer enfin par la théorie de l'émission, la réflexion irrégulière qui se manifeste vers les bords d'un corps

réflecteur. En effet, l'action de celui-ci sur les rayons lumineux ne se trouve plus la même de part et d'autre, à cause de la discontinuité de la surface, alors les rayons ne sont plus réfléchis régulièrement. Il en est de même de la réflexion, sur un corps étroit.

La théorie de Newton explique donc parfaitement les lois de la réflexion de la lumière.

CHAPITRE III.

* * *

128. L'expérience prouve que lorsque la lumière passe d'un milieu dans un autre, la réfraction dépend non seulement de la densité de ces milieux mais encore de la nature de leurs molécules. Analysons ce phénomène dans l'hypothèse de l'émission.

129. *Force réfringente.* Lorsqu'un corps se meut il ne peut être dévié de sa route que par une force oblique à sa direction ; si donc les molécules lumineuses arrivées obliquement à la surface d'un milieu réfringent s'infléchissent, cette action ne peut être que le résultat de forces qui semblent avoir leur origine dans ce milieu, et qui agissent comme si elles attiraient les molécules lumineuses. On peut regarder cette

attraction comme une espèce d'affinité des molécules du corps réfringent sur la lumière. On pourrait d'abord penser que l'existence de cette attraction est contraire à celle de la force répulsive réfléchissante; mais rappelons que les molécules pourraient bien être dans des positions physiques, qui les fissent tantôt attirer, et tantôt repousser par l'influence des mêmes forces. C'est ainsi que deux aimans s'attirent par les pôles de noms différens et se repoussent par les pôles de même nom. Il suffit que le phénomène puisse avoir lieu, pour qu'il n'y ait point de contradiction.

130. *Trajectoire du rayon réfracté.* Soit un rayon lumineux S*m* (*fig.* 64) se mouvant d'abord dans le vide et s'approchant d'un milieu homogène, non cristallisé, terminé par la surface plane AA'. Soit *m* une molécule lumineuse, de celles qui s'échappent à la réflexion. Supposons que la force réfringente n'étende son action qu'à une distance de AA' limitée par le plan *aa'*, distance que les phénomènes conduisent à regarder comme infiniment petite. La force attractive

doit être perpendiculaire à AA′ puisqu'un rayon normal à la surface n'est pas réfracté. Elle doit agir de la même manière, et avec la même intensité, sur tous les points de la surface, pourvu qu'on ne considère pas les points infiniment près des bords. De plus, le milieu n'étant pas cristallisé, les modifications de la force attractive, qui pourraient dépendre de la figure des particules de ce milieu, se compensent dans la confusion de leur arrangement.

Soit donc une molécule de lumière arrivée en *m* sur la droite *aa′*, limite sensible de la force attractive, elle ne continuera plus sa route en ligne droite, et l'action continue de la force réfringente changera continuellement sa direction, en l'attirant vers AA′. Le rayon S*m* s'infléchira donc en *m* et sera courbe de *m* en *n*. La droite S*m* est tangente en *m* à la courbe *mn*. Les molécules lumineuses arrivées en *n* pénétreront dans le milieu. Soit *a″a‴* une droite située à une distance de AA′ égale à la distance de *aa′* à AA′, tant que les molécules lumineuses ne seront pas arrivées sur *a″a‴*, elles seront plus attirées par les particules inférieures du milieu, que par les supérieures. En effet, soit m' une molécule lumineuse, menons cd et $c'd'$ parallèles à AA', et en sorte que la droite cd soit également éloignée de AA' et de $c'd'$. Il est évident que l'action des particules du milieu situées au-dessus de cd, sur sur la molécule lumineuse m' est détruite par l'action des particules situées entre cd et $c'd'$, puisque ces deux actions sont à égales et contraires. Alors cette molécule m' ne sera plus attirée par les particules du milieu situées au-dessous de $c'd'$ et éloignées d'elle, au plus, d'une distance égale à Aa, distance au-delà de laquelle la force attractive cesse d'agir. On voit donc, que depuis n jusqu'en m'' les molécules lumineuses seront écartées de leur direction, mais en ce dernier point et au-delà la portion du milieu, qui pourrait agir sur les molécules lumineuses, étant à une distance d'elle, plus grande que Aa, ou tout au plus égale à Aa, son action sera nulle, et les molécules étant également attirées dans les deux sens, ne s'écarteront plus de leur dernière direction à partir de m'' et se mouvront suivant $m''S'$, tangente en m'', à la trajectoire mnm'', le rayon $Smnm''S'$ sera donc courbe de m en m''.

Réiproquement si le rayon $S'm''$ parti de S' se meut dans un milieu homogène AA'M, terminé par la surface plane AA', une molécule lumineuse avant d'arriver en m'' ne pourra être écartée de la direction, puisqu'elle sera également attirée en dessus et en dessous. Mais à partir de m'', si toutefois A$a''=a$A est la limite jusqu'où s'étendent les forces attractives, elle s'infléchira dans sa route vers le milieu, parcequ'elle sera constamment attirée par les particules inférieures dont l'action n'est pas détruite. En m', par exemple, l'action des particules situées entre AA' et cd fait bien équilibre à l'action des particules situées entre cd et $c'd'$, mais Ac ou cc' étant moindre que la limite d'attraction, les particules en dessous de $c'd'$ attireront la molécule lumineuse, qui depuis m'' jusqu'en n décrira, ainsi que celles que la suivront, la courbe $m''n$. Elle se mouvra alors dans le vide , mais de n en m sera toujours attirée. par le milieu. En m, la distance étant assez grande, l'attraction cessera d'avoir lieu, et la molécule suivra la droite mS tangente à la courbe $m''nm$.

131. Quoiqu'on ne connaisse pas la nature de force attractive, on peut calculer la forme de la courbe mnm'', car en partageant la distance de aa' à $a''a'''$ en tranches infiniment petites, on pourra connaître l'écart des rayons d'une tranche à l'autre. Ce qui donnera une suite de lignes droites qui finiront par se confondre avec la courbe quand on dira que le nombre des tranches est infiniment grand ou que leur épaisseur est infiniment petite. Ce calcul, dû à Newton, donne une courbe analogue à celle que décrivent les projectiles dans le vide, et on en déduit les lois de Descartes sur la réfraction. En effet , on trouve que les lignes $mS, m''S'$ font avec la normale à la surface AA' des angles dont les sinus sont dans un rapport constant pour le même milieu et pour toutes les inclinaisons possibles, résultat infiniment remarquable, et de plus que

les vitesses de la lumière dans le milieu, et dans le vide sont encore dans le rapport des sinus d'incidence et de réfraction, en sorte que la vitesse de la lumière dans le vide est moindre que dans un milieu quelconque. Ce dernier résultat, conséquence de la théorie de l'émission, est directement contraire à celui qu'on a trouvé par la théorie des ondulations. Alors si V et V′ désignent les vitesses de la lumière dans le vide et dans le milieu AA′M lorsque nous admettons la théorie de Newton, les vitesses seront entre elles comme $\frac{1}{V} : \frac{1}{V'}$, lorsque nous admettrons la théorie des ondulations.

Newton appelle pouvoir réfringent le carré du rapport de réfraction moins un, le tout divisé par la densité du milieu [*]. Le

---

[*] Soit α et β les angles d'incidence et de réfraction. Le rapport de réfraction est égal $\dfrac{\sin. \alpha}{\sin. \beta}$, et le pouvoir réfringent $\dfrac{\dfrac{\sin.^2 \alpha}{\sin.^2 \beta} - 1}{d}$ d étant la densité du milieu.

pouvoir réfringent d'après le calcul doit être proportionnel à la force attractive.

Dans la réalité, la courbe mm'' est infiniment petite en sorte que le rayon Sm paraît s'infléchir brusquement au point d'incidence.

132. Si le rayon au lieu de se mouvoir d'abord dans le vide, s'avançait dans un milieu moins réfringent que celui dans lequel il pénètre, l'attraction du premier sur la lumière modifierait celle du second, et la force réfringente serait alors la résultante des actions des deux milieux; au reste les lois seraient les mêmes que tout à l'heure.

133. La théorie de l'émission explique encore pourquoi la réfraction se change dans certaines circonstances en réflexion. En effet, soit AA' une surface plane qui sépare un milieu plus dense d'un milieu moins dense ou du vide. Lorsque la molécule m (*fig.* 65) appartenant au rayon Sm, sera dans la limite des forces attractives qui se manifestent aux approches de la surface, elle commencera à décrire la courbe mn

concave vers le milieu le plus dense, mais
l'attraction de ce milieu tend continuellement à diminuer le mouvement vertical de
la molécule, et cette diminution sera d'autant plus grande que le rayon S*m* sera plus
incliné sur AA'; on pourra donc trouver
une inclinaison telle pour le rayon que
lorsqu'il sera arrivé en *n* sa vitesse verticale
soit détruite. Alors la molécule lumineuse
m, ainsi que celles qui la suivent, décrira un
petit élément de courbe parallèle à AA'.
Mais l'attraction la rappelant dans le milieu
plus dense, et se combinant avec la vitesse
horizontale, lui fera décrire la courbe *nm'*,
et lorsqu'elle aura dépassé *ab*, limite des
forces attractives, elle continuera sa route
en ligne droite, parceque les molécules qui
pourraient agir sur elle seront à une trop
grande distance. On voit donc comment la
réfraction peut se changer en réflexion.

Rappelons encore ici que la courbe *mnm'*
est infiniment petite, et que le rayon paraît
se briser brusquement au point d'incidence.

La théorie newtonienne de la réfraction
est donc très rigoureuse et très satisfaisante.

Et *quand bien même*, comme dit Biot, *on
serait forcé de l'abandonner*, elle fera
toujours époque dans l'histoire des sciences comme offrant le premier exemple de
calcul des forces qui n'étendent leur action
qu'à des distances insensibles et dont la
considération est si importante dans presque toutes les parties de la physique.

CHAPITRE IV.

CHROMATIQUE, OU DISPERSION DE LA LU-
MIÈRE DANS L'HYPOTHÈSE DE L'ÉMISSION.
THÉORIE DES ACCÈS.

————

134. *Analyse et recomposition de la lumière blanche.* Les expériences faites sur la dispersion de la lumière, *chap.* v, *première partie*, ont conduit à plusieurs vérités énoncées, n°ˢ 57, 58, 59 et suivans, qui, admises dans l'hypothèse de la matérialité de la lumière, donnent naturellement les conclusions suivantes :

1° La lumière blanche est un mélange matériel de rayons hétérogènes, dont les uns sont plus réfrangibles que les autres, et qui, pris isolément, produisent en nous la sensation de diverses couleurs, dont les nuances principales sont :

Violet, indigo, bleu, vert, jaune, orangé, rouge;

2° La réunion de ces divers rayons recompose parfaitement la lumière blanche ;

3° Les rayons donnés par la lumière blanche au moyen du prisme sont simples et ne peuvent plus être décomposés ;

4° Parmi les rayons simples, les plus réfrangibles sont aussi les plus susceptibles d'être réfléchis intérieurement par réfraction.

Telles sont les nouvelles propriétés du fluide lumineux si bien déduites par Newton, d'une suite d'expériences dont les principales ont été données *première partie.*

135. *Théorie des accès.* Les corps réduits en lames extrêmement minces réfléchissent moins la lumière à leur première surface que dans le cas contraire, et à la seconde ils réfléchissent ou transmettent de préférence certaines couleurs, selon leur nature chimique ou leur degré d'amincissement. Ces faits ont été donnés principalement par l'expérience des anneaux de Newton, et vont conduire à de nouvelles propriétés du fluide lumineux.

Pour que la théorie de l'émission soit d'accord avec les phénomènes des anneaux, il faut supposer avec Newton

1º Qu'une molécule lumineuse traversant une surface réfringente, acquiert par cela même une disposition particulière qu'elle conserve tant qu'elle est dans le milieu, et qui se reproduit périodiquement et à intervalles égaux. Lorsque la molécule est dans cette disposition, elle est susceptible d'être transmise *aisément* à travers une seconde surface réfringente qui se présente à elle; mais à chaque intermittence de cet état elle est *aisément* réfléchie, quoique *non pas nécessairement*. Appelons *accès de facile transmission*, *accès de facile réflexion*, ces successions d'état ou ces dispositions particulières d'être facilement transmises ou facilement réfléchies, et *intervalle des accès* la distance que parcourt la molécule entre le retour de deux accès successifs de même nature, et *longueur de chaque accès* la moitié de ces intervalles.

Alors si *a* représente la longueur d'un

accès on trouvera que la molécule lumineuse devra parcourir dans le même milieu

$$0, \qquad 2a, \qquad 4a, \qquad 6a,......$$

pour être en état de facile transmission;

$$a, \qquad 3a, \qquad 5a, \qquad 7a,....$$

pour être en état de facile réflexion.

Supposons encore, 2° que lorsque la lumière passe d'un milieu dans un autre perpendiculairement à leur surface de séparation, l'intervalle a des accès varie dans le rapport du sinus d'incidence au sinus de réfraction, et que a soit différent suivant la nature du milieu et l'espèce de rayon qui se meut.

Ces suppositions ne sont qu'une manière particulière d'énoncer des faits donnés par l'expérience, et dans le phénomène des anneaux, l'intervalle a égale l'épaisseur de la lame qui répond à la première bande brillante.

Comparons cette théorie à celle des ondulations, nous trouverons que la longueur *d* d'une ondulation égale 4*a*, ou 4 fois la longueur d'un accès. Ainsi les accès étant donnés par les tables de Newton pour chaque rayon, on peut en déterminer la valeur de *d* pour ces mêmes rayons.

Concluons de là que tout ce qui a été trouvé par l'expérience des anneaux, peut être parfaitement expliqué par la théorie des accès. (*Voyez pour plus de détails l'optique de Newton et la physique de Biot.*)

136. *Couleurs propres des corps.* La couleur propre d'un corps n'est qu'un simple accident produit par la manière, dont ses particules réfléchissent la lumière. Cette réflexion dépend de la grosseur des molécules et de leur arrangement. Entrons dans quelque détail sur la formation plus ou moins probable des corps, par la réunion des parties qui les composent.

Supposons que les dernières particules des corps soient réunies deux à deux, trois à trois, quatre à quatre,..... et constituent divers groupes séparés par des intervalles. Supposons de plus que ces groupes contiennent autant de vide que de plein. Leur volume étant 1, la quantité de matière contenue dans chacun sera $\frac{1}{2}$.

Que des corps soient formés avec les premiers groupes de la même manière que ceux-ci l'ont été avec les particules matérielles, ils laisseront autant de nouveau vide que de plein, et leur volume étant 1, leur quantité de matière serait $\frac{1}{2}$, si les premiers groupes ne contenaient point de vide: mais ceux-ci n'ont réellement que $\frac{1}{2}$ de matière; donc les seconds corps n'auront que $\frac{1}{4}$ de leur volume de matière et $\frac{3}{4}$ de vide.

Si on suppose que ces nouveaux corps en forment une troisième classe, on verra aisément que ces derniers ne contiendront que $\frac{1}{8}$ de leur volume de matière et $\frac{7}{8}$ de vide. Ceux-ci pourront en constituer d'autres qui contiendront seulement $\frac{1}{16}$ de leur volume de matière, et $\frac{15}{16}$ de vide et ainsi de suite.

Tous les phénomènes physiques concourent à prouver que les particules des corps ont un arrangement, si non tout-à-fait semblable, du moins analogue à celui dont nous venons de parler.

Qu'un faisceau lumineux pénètre dans un corps constitué comme il vient d'être dit : une partie des rayons sera transmise à travers les plus grands pores; l'autre pénètrera les groupes ou sera réfléchie un peu par eux. La portion qui pénètrera les premiers groupes acquerra des accès plus courts que ceux qu'elle avait en entrant dans le corps; et arrivée à la seconde surface de ces groupes, il y aura des molécules disposées à être réfléchies et d'autres à être transmises. Les premières formeront la couleur propre du corps; les dernières arriveront à un nouveau groupe qui produira sur elles des effets pareils, et ainsi de suite; et la somme des réflexions composera la couleur totale du corps, qui par conséquent croîtra d'intensité avec l'épaisseur du corps, et toute la lumière qui échappera à la réflexion formera la couleur transmise. Ceci explique pourquoi les corps opaques deviennent transparens quand on les amincit.

Mais alors la couleur transmise doit être

exactement complémentaire de la couleur réfléchie, chose qui n'a presque jamais lieu. On ne doit de plus trouver dans les teintes des corps que celles des anneaux colorés, ce qui est encore très rare. On est donc conduit à penser qu'une partie des molécules lumineuses est absorbée par le corps ou modifiée par son action de manière à ne plus produire de sensation sur nos yeux.

La même explication de la coloration des corps pourrait s'adapter à l'hypothèse des ondes, parcequ'elle est basée sur un fait et non sur un système. Il suffira de supposer que les divers groupes produisent sur la lumière les interférences qui ont servi à expliquer les anneaux de Newton, et que ces ondes lumineuses sont modifiées dans leur forme et grandeur par ces mêmes groupes.

137. Plusieurs faits viennent à l'appui de cette théorie de la coloration des corps. La nacre de perle produit des couleurs vives et brillantes; qu'on prenne une empreinte de cette nacre avec de la cire noire bien fine, ou tout autre substance susceptible

de se bien mouler dans les ondulations, cette empreinte fera voir les mêmes couleurs et nuances que la nacre elle-même; preuve que la couleur vient de l'arrangement des molécules. (*Voyez le précis élémentaire de Biot*, pag. 460, t. II.)

CHAPITRE V.

DOUBLE RÉFRACTION ET POLARISATION DE LA LUMIÈRE DANS L'HYPOTHÈSE DE L'ÉMISSION.

————◦◦◦————

138. On a vu par l'analyse des phénomènes de la réfraction simple qu'on est conduit à admettre l'existence de forces attractives réfringentes dont on ignore la nature. On a pu cependant calculer la forme de la courbe que ces forces font décrire au rayon lumineux aux environs du point d'incidence; mais on n'a pas le même avantage pour le rayon réfracté extraordinairement. On sait bien qu'il existe dans les molécules des cristaux doués de la double réfraction, une force qui semble quelquefois attirer vers l'axe une partie des molécules lumineuses et d'autres fois les repousser de cet axe, ce qui n'est que l'indication

d'un résultat composé, et non pas l'expres-
sion d'une action moléculaire.

Admettant seulement que ces forces émanent des molécules des corps, on peut leur
appliquer *le principe de la moindre action.*
C'est ce qu'a fait Laplace. Sans donner ses
calculs, ni les formules entre les vitesses
ordinaires et extraordinaires, l'angle formé
par le rayon extraordinaire et l'axe ou les
deux axes du cristal, nous dirons que son
analyse renferme la loi de Huyghens, et a
été vérifiée par un grand nombre d'expériences. Au reste, les rayons ordinaires et
extraordinaires jouissent de plusieurs propriétés dont nous allons parler, et qui pourront jeter quelque jour sur ce qui précède.

139. Les expériences de la polarisation
de la lumière conduisent à faire voir que
cette modification du fluide lumineux fait
que les molécules qui composent un même
rayon échappent toutes ensemble à la réflexion, si on les présente aux surfaces réfringentes sous certains côtés et sous une
incidence particulière, et l'analyse du phénomène fait conclure que les molécules lu-

mineuses ont des faces douées de propriétés physiques différentes, et que l'effet de
la polarisation est de tourner d'un même
côté les faces douées de la même propriété.
On peut assimiler cet effet à celui d'un ai-
mant qui tourne dans une même direction
les pôles d'une série d'aiguilles magnétiques.
Nous avons vu que la polarisation est produite par réflexion ou par réfraction. Lorsqu'un rayon lumineux est polarisé d'une
manière quelconque, les *axes de polarisation* des molécules lumineuses sont parallèles. Tout cela admis on est conduit
aux conséquences suivantes :

1° Lorsqu'un rayon lumineux est polarisé complètement par réflexion, l'axe de
polarisation de toutes les molécules lumineuses est perpendiculaire à la direction du
rayon, et de plus située dans le plan de
réflexion ;

2° La lumière qui est divisée en deux
rayons par un cristal à un seul axe, est polarisée en deux sens. Les molécules qui
forment le rayon ordinaire ont leur axe de
polarisation dans un plan mené par ce

rayon parallèlement à un axe du cristal et les molécules qui constituent le rayon extraordinaire ont leur axe de polarisation perpendiculaire au plan mené de la même manière par ce rayon parallèlement à l'axe du cristal.

Ainsi lorsqu'un rayon lumineux sera *polarisé ordinairement par rapport* à un plan, les molécules qui les composent auront leur axe de polarisation dans ce plan, et lorsqu'un rayon sera *polarisé extraordinairement par rapport à un plan*, les molécules qui le composent auront leur axe de polarisation perpendiculaire à ce plan.

Quant aux cristaux à deux axes, voyez la règle donnée par Biot, dans son *précis élémentaire*, t. II, pag. 5o2.

14o. Nous ne développerons pas les expériences qui ont conduit Biot aux phénomènes de la polarisation mobile de la lumière, et quoique Fresnel, sans nier les faits, ait opposé quelques difficultés aux conclusions théoriques de cet auteur, nous les citerons sous la forme de trois propositions, comme il les donne lui-même.

✳

1º Lorsqu'un rayon simple polarisé dans une direction fixe, pénètre une lame de sulfate de chaux, dans une direction perpendiculaire, les molécules qui le composent, arrivées à une certaine profondeur dans la lame, se mettent à osciller périodiquement sur elles-mêmes, autour de leur axe de translation, ou de la ligne suivant laquelle elles se meuvent. Alors l'axe de polarisation de ces molécules se transporte alternativement de part et d'autre, de l'axe du cristal, ou de la ligne perpendiculaire, et cela dans des amplitudes égales, comme un pendule autour de la verticale dont on l'a écarté, et chacune des oscillations s'exécute dans une épaisseur double de celle que la molécule avait parcourue avant d'entrer en oscillation ;

2º Dans un même cristal de sulfate de chaux, cristallisé régulièrement, l'épaisseur dont on vient de parler varie pour les diverses espèces de lumière, et est sensiblement proportionnelle aux longueurs des accès ;

3º Ce mouvement oscillatoire s'arrête,

lorsque les molécules lumineuses parvenues à la seconde surface de là lame sortent dans l'air, ou dans tout autre milieu qui ne possède point la double réfraction. Alors le rayon émergent soumis à un prisme de spath d'Islande, ou une glace inclinée, se comporte comme s'il possédait le sens de polarisation, vers lequel là dernière oscillation des molécules le conduisait.

(*Voyez pour plus de détails les ouvrages de physique de Biot.*)

CHAPITRE VI.

DIFFRACTION DE LA LUMIÈRE DANS L'HYPOTHÈSE DE L'ÉMISSION.

141. Si les molécules lumineuses sont dérangées de leur route dans le phénomène de la diffraction, ce ne peut être que par l'action de forces attractives et répulsives, qui émanent des corps, ou par celle de petites atmosphères dont le pouvoir réfringent diffère de celui du milieu environnant. Mais alors l'inflexion des rayons doit varier avec la forme, la grosseur et la nature de l'ouverture ou du corps étroit qui diffracte la lumière; ce qui n'est pas, car on a trouvé que la dilatation des rayons dépend uniquement de la largeur de l'ouverture, et comme un grand nombre d'expériences prouvent jusqu'à l'évidence, que la masse et la nature des bords de l'écran

n'ont aucune influence dans les phénomènes, *on pourrait conclure*, avec Fresnel, *que la diffraction est inexplicable dans la théorie de l'émission.*

Mais ne nous hâtons pas encore d'abandonner les idées de la matérialité de la lumière; car, ne pourrait-il pas arriver qu'indépendamment de la nature chimique et de la masse des corps, la forme des bords qui les terminent fit développer des forces qui, par leur action sur les molécules lumineuses, produisissent toutes les particularités de la diffraction. C'est au calcul à donner ces forces, mais cela parait extrêmement difficile.

CHAPITRE VII.

PHÉNOMÈNES CALORIFIQUES ET CHIMIQUES DU
SPECTRE SOLAIRE DANS L'HYPOTHÈSE DE L'É-
MISSION.

142. Les phénomènes calorifiques et chimiques du spectre solaire peuvent être expliqués, en admettant que le soleil envoie
réellement trois sortes de rayons, savoir des
rayons calorifiques, lumineux et chimiques.
Alors il existera trois spectres solaires su-
perposés l'un sur l'autre; mais il faudra de
plus que les rayons de calorique soient
en général moins réfrangibles que les lumineux, et ceux-ci moins que les chimiques;
en sorte que les trois spectres ne coïncide-
raient pas. Le spectre de calorique débor-
derait au-delà du rouge extrême, où serait
son maximum, et le spectre chimique au-
delà du violet extrême, où serait aussi son
maximum. On rend encore compte des

mêmes phénomènes d'une manière plus
naturelle, en n'admettant qu'une seule espèce de rayons doués de propriétés diverses
suivant leur degré de réfrangibilité alors le
maximum de chaleur du spectre aurait
lieu par tel degré de réfrangibilité, et à mesure que celle-ci augmenterait, ou passe-
rait à une chaleur moindre, et à une action chimique plus grande. Alors la vision
ne s'opérerait qu'entre certaines limites de
réfrangibilité, au-delà desquelles elle n'aurait plus lieu. L'action calorifique et l'action chimique de la lumière pourront être
regardées comme une combinaison, ou un
mélange, avec les molécules des corps, de
tels et tels rayons envoyés par le soleil.

Quant à la lumière électrique, elle serait
dans l'hypothèse de l'émission, le résultat
du dégagement du fluide lumineux, qui
doit être une partie constituante des corps,
dégagement causé par le choc des fluides
électriques, contre les particules, soit de
l'air, ou des autres corps. (*Voyez les expériences de Biot sur la lumière électrique.*)

143. En revenant sur nos pas, on peut

dire que les deux systèmes des ondulations
et de l'émission ne sont pas sans reproche
dans l'explication qu'ils donnent des phénomènes lumineux. Le premier, soit par la
théorie des interférences, soit par un calcul
rigoureux, rend parfaitement compte d'un
grand nombre de faits, mais il laisse beaucoup à désirer dans la théorie de la dispersion et d'inégale réfrangibilité des rayons;
il est de plus sujet à quelques difficultés dans
celles de la polarisation et de la diffraction.
De son côté le système de l'émission, si simple dans ses explications, échoue à la théorie de la diffraction. Parmi les partisans de
ces deux systèmes sont des physiciens et des
savans très distingués. Le plus sûr est donc
de ne donner la préférence à aucun, et de
les admettre successivement tous deux, jusqu'à ce que l'observation, l'expérience et le
calcul aient conduit à la vérité.

QUATRIÈME PARTIE.

———————

APPLICATION DE L'OPTIQUE A L'EXPLICATION
DES MÉTÉORES LUMINEUX ET A LA CON-
STRUCTION DE DIVERS INSTRUMENS.

> Des bataillons armés dans les airs se
> heurtaient,   DELILLE.

CHAPITRE PREMIER.

MÉTÉORES LUMINEUX.

144. Tout phénomène qui se manifeste
dans l'atmosphère, a reçu le nom de météore.
Ceux qui ont pour cause la lumière, sont
très beaux et très remarquables : mais avant
d'en parler, disons un mot de la réfraction
atmosphérique.

RÉFRACTION ATMOSPHÉRIQUE. La lumière
des astres ne parvient à nos yeux qu'en

traversant les couches d'air dont l'atmosphère est composée; elle doit donc éprouver des réfractions qui varient d'une couche
à l'autre, suivant les densités successives de
l'air. Examinons d'abord comment cet effet
peut avoir lieu.

Soit (*fig.* 66) une suite de milieux successifs et séparés les uns des autres par les
surfaces ab, $a'b'$, $a''b''$, $a'''b'''$, $a''''b''''$,
$a'''''b'''''$; supposons que leur réfringence
aille en augmentant du haut en bas d'une
couche à l'autre. Si le rayon Sm se meut
dans le premier milieu, arrivé en m, il
sera réfracté suivant mm' dans le second
milieu dont la réfringence est plus grande;
de même en m' il prendra la direction
$m'm''$ dans le troisième milieu; ensuite
$m''m'''$, $m'''m''''$, $m''''m'''''$, $m'''''S'$, en
s'approchant toujours de la normale à chaque nouvelle réfraction. La trajectoire du
rayon sera donc la ligne polygonale Smm'
$m''m'''m''''m'''''S'$.

Admettons actuellement que les diverses
couches aient des épaisseurs infiniment petites, c'est à dire considérons un milieu

dont la réfringence augmente insensiblement depuis le haut jusqu'en bas, alors les
droites mm', $m'm''$, $m''m'''$..... seront infiniment petites et la trajectoire polygonale
deviendra ligne courbe : Ainsi (*fig.* 67) ab
et $a''''''b''''''$ étant les limites d'un tel milieu,
le rayon Sm sera réfracté suivant la courbe
mnm'; mais si, arrivé en m', la densité inférieure devient uniforme, il continuera sa
route suivant sa droite $m'S'$, et alors Sm et
$S'm$ seront les tangentes extrêmes de la
courbe mnm'.

Or, on sait que plus l'air est dense, plus
sa réfringence est grande. On sait aussi que
l'atmosphère est composée de couches successives d'air, dont la densité diminue insensiblement du bas en haut. Un rayon lumineux qui traverse l'atmosphère doit donc
décrire une courbe, semblable à celle que décrit le rayon Sm de la *fig.* 67. On peut de
plus, calculer la forme de la courbe mm'
d'après les lois du décroissement de la densité de l'air.

La réfraction atmosphérique fait paraître
un astre plus élevé sur l'horizon, qu'il ne

l'est réellement. En effet, le rayon Sm réfracté suivant la courbe mnm' paraît venir de S'' à un œil placé en m'. Cet œil jugera donc le point lumineux en S'' tandis qu'il est réellement en S. Ainsi le soleil et les astres doivent être visibles pour nous, le matin un peu avant leur lever, et le soir un peu après leur coucher. Voilà pourquoi les astronomes distinguent le lever et le coucher réels du lever et du coucher apparens. Ce phénomène produirait de graves erreurs dans les observations astronomiques, si on n'avait calculé des tables pour corriger cet effet et conclure la position réelle de l'astre de sa position apparente.

La réfraction atmosphérique est d'autant plus grande, que le point lumineux est plus bas, parceque alors les rayons traversent des couches plus denses. Au lever et au coucher d'un astre, elle sera plus grande pour le bord inférieur, que pour le bord supérieur; celui-ci paraîtra donc moins se relever, que le bord inférieur, ce qui donnera à cet astre une forme ovale. Ce phénomène se

remarque au lever et au coucher de a lune.
De même par cet effet les objets terrestres
vus de loin, paraîtront plus élevés et plus
rapprochés de nous.

AURORE ET CRÉPUSCULE. Ces belles et vives
couleurs dont se pare l'horizon, le matin
et le soir, sont dues encore à la réfraction
atmosphérique. Elle fait replier vers la surface de la terre les rayons lumineux qui se
perdraient dans l'espace. Ces couleurs varient
avec la pureté de l'air et le crépuscule est
d'autant plus long, que le soleil suit une
marche plus oblique à l'horizon. Ceci joint
à la grande densité de l'air, dans les pays
froids explique la longueur des crépuscu-
les sous les pôles. A l'équateur l'air est moins
dense, et par suite la réfraction atmosphérique moindre. D'un autre côté, le soleil
s'éloigne le soir ou s'approche le matin plus
promptement de l'horizon, puisqu'il suit
une marche qui lui est perpendiculaire.

145. DU MIRAGE. Dans les plaines sablon-
neuses d'Egypte, lorsque le soleil a échauffé
le sol, le terrain paraît être inondé indéfiniment, excepté sur un cercle d'environ

*

quatre mètres de rayon, dont l'observateur est le centre. L'image du ciel, des arbres et des divers objets est réfléchi dans cette inondation générale, et les villages sont comme des îles au milieu d'un grand lac. L'observateur avance-t-il, les eaux semblent se diviser devant ses pas et refluer derrière lui. Illusion souvent d'autant plus cruelle pour le voyageur, qu'il manque ordinairement d'eau au milieu de ces déserts. Ce phénomène a été souvent remarqué en Égypte par nos armées lors de la fameuse expédition. *Monge*, un des premiers savans de cette expédition en a donné une explication dans la *Décade égyptienne*. *Wollaston*, dans les transactions philosophiques, a donné en même temps la même théorie de ce phénomène. La voici en peu de mots :

MN (*fig.* 68) représente le sol échauffé par les rayons du soleil, l'air en contact avec lui sera dilaté, et cette dilatation ira en diminuant du bas en haut, jusqu'à une certaine hauteur ordinairement fort petite. Si *ab* est la limite de cette diminution de

densité, les couches d'air en dessus de *ab*
auront une densité à peu près constante
jusqu'à une certaine hauteur, où elle ira en
diminuant. Cela posé, soit l'œil de l'observateur en *o*, dans la couche de densité
moyenne, A un objet lumineux éloigné et
situé aussi dans cette couche ; un rayon
direct A*o* lui fera voir une image directe de
l'objet, mais en même temps un rayon *n*A
pénétrant dans la couche inférieure de densité moindre et variable, se réfractera en se
relevant, et si la distance entre A et *o* est
assez grande, ce rayon deviendra horizontal en *m*; alors la force réfringente agissant
toujours sur lui le fera relever jusqu'en *p*.
Arrivé là dans la couche de densité moyenne,
sa trajectoire sera rectiligne, et il pourra parvenir à l'œil qui croira le recevoir de l'objet A′. L'œil situé en *o* verra donc deux
images de A l'une directe et l'autre en A′
comme réfléchie par le sol qui imitera une
glace unie, un lac immense dans lequel se
peindront le ciel et tous les objets éloignés,
tout autour de l'observateur, mais dans une
situation renversée et comme la limite à la-

quelle la lumière commence à être réfléchie est constante, le phénomène doit commencer à une distance constante de l'observateur, tout autour de lui, et s'il avance, l'inondation doit paraître reculer devant lui et refluer par-derrière.

Mathieu et Biot à Dunkerque, sur le bord de la mer, Sorret et Jurine, sur le lac de Genève, ont observé des phénomènes de ce genre. Biot en a donné une théorie mathématique.

Il peut arriver que la seconde image diminue de dimension et devienne même infiniment petite. Alors l'image directe se détache seule, l'image du ciel et l'objet paraissent suspendus dans l'air : c'est le phénomène de *suspension*. Ce phénomène ne pourrait-il pas expliquer tous les objets extraordinaires qu'on a souvent remarqués dans les airs dès la plus haute antiquité ?

Les marins observent aussi quelquefois un phénomène analogue, qui tantôt paraît élever l'horizon, tantôt l'abaisser, et auquel ils doivent faire attention; car, d'après Biot, il peut occasioner une erreur de

quatre à cinq minutes dans la détermina-
tion de la latitude.

L'expérience peut produire de semblà-
bles effets : 1° En introduisant dans un vase
de verre à parois latérales, planes et rectangulaires, une couche d'acide sulfurique
et par-dessus une couche d'eau; avec un
peu de précaution, on évite le mélange des
deux liquides, si ce n'est à leur jonction,
où il n'a lieu que peu à peu, en sorte que sa
densité va en diminuant depuis l'acide jusqu'à l'eau. Si on regarde à travers le vase
un objet, on pourrait le voir doublé; dans
ce cas l'image directe est inférieure, et l'i-
mage renversée est supérieure.

2° Exposez au soleil, dans l'été, une barre
de fer ou de bois horizontale et noircie,
placez votre œil à l'extrémité de cette barre
et regardez de petits objets, situés dans son
prolongement et éloignés de cent à deux
cents pas, on les verra doubles comme dans
le phénomène du mirage. Cette expérience
est due à Wollaston.

3° Biot produit le même effet avec une
cuve de tôle rectangulaire qu'on remplit

de charbon allumé. (*Voyez pour plus de détails le précis élémentaire de physique de Biot, t.* II.)

146. Parhélies et paraselènes. On aperçoit quelquefois dans le ciel plusieurs images du soleil et de la lune. (*Voyez le traité général de Biot, où toutes les particularités de ces météores sont détaillées.*) Huyghens a fait plusieurs hypothèses pour expliquer ces effets cependant on peut dire que leur cause est encore inconnue. Il en est de même des couronnes blanchâtres qu'on voit souvent autour de ces astres. Il y a une circonstance où la paraselène peut être expliquée; c'est lorsque la lune se lève au milieu du jour et que la terre a été assez échauffée pour produire le mirage, l'astre doit paraître double.

147. De l'arc-en-ciel. L'arc-en-ciel est un des plus beaux météores lumineux. Il apparaît lorsque le soleil envoie ses rayons sur un nuage qui se résout en pluie, et que l'observateur tourne le dos à cet astre et regarde ce nuage. Il est formé d'un ou de deux arcs et très rarement de trois. Les

couleurs de l'arc intérieur sont plus vives que celles de l'arc extérieur, elles sont formées de nuances données par le prisme, mais plus ou moins prononcées. Le rouge est la couleur la plus élevée du premier arc et le violet la moins élevée, c'est le contraire dans l'arc extérieur.

Marche d'un rayon dans une goutte d'eau. Toutes les circonstances du phénomène ont fait penser qu'il était produit par la réfraction et la réflexion de la lumière dans les gouttes de pluie qu'on regarde sensiblement comme sphériques. En effet, soit *abcd* (*fig.* 69) une goutte d'eau sphérique située sur la direction d'un rayon infiniment mince S*a*. Dans son intérieur il sera réfracté en *a* et se dirigera suivant *ab*. En *b* une partie subira une seconde réfraction suivant *bo'*, et le reste sera réfléchi vers le point *c*, où le même phénomène encore aura lieu; une partie du rayon *bc* sera réfléchie vers *d* et l'autre réfractée suivant *co''*; en *d* un pareil partage aura lieu, et ainsi de suite : prenez un globe ou un cylindre de verre rempli d'eau, et dirigez sur lui un rayon

solaire dans la chambre obscure, vous pour-
rez suivre dans son intérieur la marche du
rayon. Il est évident que les rayons qui
sortent dans l'air doivent être de plus en
plus affaiblis, et doivent donner la série
des couleurs prismatiques. C'est ce qu'on
voit effectivement.

Des rayons efficaces. Si les rayons réfléchis une ou plusieurs fois dans la goutte
sont simples, après être sortis dans l'air, ils
prendront une direction qui fera un angle
constant avec la direction primitive, pourvu toutefois que l'incidence soit la même
et que ces rayons soient réfléchis le même
nombre de fois. On fait voir par le calcul
que pour plusieurs rayons parallèles de
même nature, et réfléchis une seule fois
dans la goutte, cet angle augmente depuis
l'incidence normale jusqu'à une certaine
limite au-delà de laquelle il diminue. C'est
à cette limite que les rayons extrêmement
voisins sont réfractés parallèlement au sortir de la goutte. Alors un œil placé dans
leur direction recevra une sensation très
vive de la couleur simple de ces rayons.

Tandis qu'ailleurs la sensation qu'il recevra des autres rayons sera trop faible. On appelle ces premiers *rayons efficaces*.

Dans le cas des rayons qui subissent deux, trois, etc., réflexions intérieures, il existe encore des rayons efficaces qui produisent seuls à une certaine limite une sensation sur l'organe en sortant sensiblement parallèles de la goutte. Mais cette limite dans tous les cas est différente d'un rayon à l'autre. Elle est

Pour les rayons rouges de   42°   2'
Pour les rayons violets de   40°   17'
lorsque ces rayons ne subissent qu'une seule réflexion intérieure;

Et pour le rayons rouges de   50°   55'
Pour les rayons violets de   54°   9'
lorsque ces rayons subissent deux réflexions intérieures.

Ainsi dans le premier cas elle diminue du rouge au violet, et augmente au contraire du rouge au violet dans le second.

22

Formation de l'arc-en-ciel. Soit l'observateur en O, la nuée en MN, et les rayons solaires supposés venir d'un point S infiniment éloigné (*fig.* 70), en sorte que l'observateur soit entre la nuée et le soleil. Parmi les rayons S il en est un qui pénétrant dans le globule R, sortira après une réflexion intérieure suivant RO de manière que l'angle du rayon incident RS, et du rayon réfléchi RO soit de 42° 2′; il produira à l'observateur une sensation de rouge. Mais il ne sera pas le seul, car tous les globules qui seront sur la surface conique dont SS′ est l'axe, et OR la génératrice, produiront aussi des rayons *efficaces rouges*, car leur position géométrique sera encore la même par rapport au soleil et à l'observateur. Celui-ci verra donc un arc rouge en *a*R*b*. De même un rayon S parviendra à un globule V, et sera réfracté et réfléchi suivant VO, de manière que l'angle de SV et de VO, soit de 40° 17′. Alors VO représentera la direction des rayons efficaces violets, et le globule V ainsi que tous ceux qui seront sur l'arc *c*V*d* paraîtront violets. Entre les arcs concentriques aRb, cVd, il en existera d'autres qui seront parés des autres nuances du prisme. On en voit la raison, car ils seront produits par des rayons efficaces qui feront avec les rayons incidens des angles compris entre 40° 27′ et 42° 2′.

Tout ceci est dans l'hypothèse que les rayons incidens viennent d'un même point.

Soit actuellement R′ et V′ deux globules tels que deux rayons incidens S après deux réflexions intérieures soient réfractés, l'un suivant iO et l'autre suivant KO; de manière que l'angle SiO $=$ 50° 51′, et SkO$=$54° 9′; alors iO sera un rayon efficace rouge et kO un rayon efficace violet. La grandeur des angles ci-dessus donne pour R′ et V′ la position qu'on voit dans la figure. Et comme ces mêmes angles pour les autres rayons simples sont compris entre 50° 51′ et 54° 9′, les globules qui donneront les autres rayons efficaces seront compris entre R′ et V′. On voit donc actuellement que l'observateur doit voir un second arc dans la position que lui donne la figure, seulement l'ordre des couleurs, dans celui-ci, sera l'inverse de celui du premier arc.

On conçoit comment par trois, quatre, etc., réflexions intérieures dans les globules, il pourrait se former trois, quatre, etc., arcs, mais toujours de plus en plus faibles. On n'en a jamais observé plus de trois; encore dans les circonstances les plus favorables ne voit-on le troisième qu'en partie.

Largeurs des arcs. L'angle $ROV = SpO$ $— SVO = 42° \, 2' \, —40° \, 17' = 1° \, 45'$. Cet angle détermine la distance apparente de R à V. La largeur du premier arc est donc de $1° \, 45'$.

De même l'angle $V'OR' = SgO—SiO =$ $54° \, 9' \, —50° \, 59' \, \cdot \cdot \, 3° \, 10'$; telle est la largeur du second arc.

On trouve de même pour la distance des deux arcs $50° \, 51' \, —40° \, 2' = 8° \, 57'$. Tout ceci est dans l'hypothèse que le soleil est réduit à un point ce qui n'est pas, et comme il occupe dans le ciel un espace dont le diamètre moyen est de $30'$, la bande rouge aura $30'$ de largeur, et ainsi des autres; alors les couleurs se superposeront en partie et seront beaucoup moins tranchées. Les largeurs des arcs et la distance de ces mêmes arcs seront augmentés de 30'. Ce qui s'accorde avec les mesures prises par Newton à ce sujet.

148. On produit des arcs-en-ciel, en tournant le dos au soleil, et en aspergeant des gouttes d'eau en l'air devant soi en grande quantité. Les cascades, les jets d'eau qui retombent en pluie fine donnent naissance à des iris.

149. Si le soleil est à l'horizon, ou sur l'horizon, ou un peu au-dessous de l'horizon, la partie visible de l'arc-en-ciel sera une demi-circonférence ou plus petite ou plus grande qu'une demi-circonférence. Il peut même y avoir des positions telles que l'observateur aperçoive la circonférence entière.

Lorsque le soleil s'élève, l'arc diminue peu à peu et finit par disparaître, car les rayons efficaces, réfléchis et réfractés par les gouttes, approchent peu à peu de devenir parallèles à l'horizon, et lorsque cela a lieu et au-delà ils n'arrivent plus à l'œil. On voit d'après cela que le point V est à l'horizon lorsque le soleil est élevé de 40o 17′, et que le second arc a disparu lorsque cette hauteur est de 54 9′. Ces hauteurs peuvent être augmentées de 3o′ à raison du disque du soleil.

150. *Aurore boréale.* C'est dans les pays septentrionaux que les aurores boréales se montrent dans toute leur beauté. Trois ou quatre heures après le coucher du soleil, le ciel du côté du pôle se couvre d'une masse de lumière plus ou moins resplendissante. Elle est blanchâtre à l'horizon, rougâtre et très éclatante à 20° ou 30" au-dessus, en ce point elle devient ondoyante, il s'en échappe des jets de flammes très vives qui changent de forme et de couleur et s'élancent très haut dans le ciel. Ce spectacle est beau et magnifique, et cela d'autant plus que le froid est plus intense. Les aurores boréales sont plus rares au voisinage de l'équateur.

La cause de l'aurore boréale est encore inconnue. L'électricité paraît jouer un très grand rôle dans la production de ce phénomène. Plusieurs physiciens à la tête desquels est *Mairan*, l'attribuent à l'atmosphère solaire.

151. *Lumière zodiacale.* Ce météore apparaît aux approches des équinoxes et des solstices. C'est une clarté ou blancheur assez semblable à celle de la voie lactée. Elle est en forme de lance ou pour mieux dire de demi-fuseau sphérique appuyé par sa base obliquement sur l'horizon. On la voit tantôt avant le lever du soleil, d'autres fois après son coucher; sa cause est inconnue. Mairan l'attribue à l'atmosphère solaire. En 1683 Cassini a fait des observations très circonstanciées sur ce météore. Cependant il paraît qu'on avait observé des lumières zodiacales en 1650, en 1461, et même en 400 de l'ère vulgaire.

152. *Les étoiles dites filantes* sont aussi des météores lumineux produits par l'inflammation d'une substance combustible. Il en existe d'autres, mais ce serait trop nous écarter que d'en parler ici.

CHAPITRE II.

———

153. *Lentilles sphériques convergentes et divergentes.* Soit MM une lentille convergente (*fig.* 71) et une lentille divergente, (*fig.* 72); soit S un point lumineux qui envoie sur cette lentille un cône de lumière dont SA est l'axe, le rayon SA continuera sa route en ligne droite, mais les autres rayons seront plus ou moins réfractés par la lentille. Dans le cas de la *fig.* 71 ils se réuniront à un foyer *f* situé de l'autre côté de la lentille, tandis que dans le cas de la *fig.* 72 le foyer sera fictif entre le point S et la lentille. Dans les deux cas les rayons extrêmes après leur réfraction seront dirigés suivant *oc* et *id*; dans la *fig.* 71 ils sont convergens, et dans la *fig.* 72 divergens.

Si l'objet rayonnant a des dimensions, voici ce qui en résultera. Du point S extrémité de SS', il partira un cône lumineux dont l'axe est Ss et dont les rayons extrêmes auront s pour foyer réel (*fig.* 73) et fictif (*fig.* 74). Il en sera de même du faisceau émané de S', les rayons extrêmes se réuniront en s' sur son axe S's' (*fig.* 73), ou produiront un foyer fictif s' (*fig.* 74). Les foyers produits par les rayons qui partent des points situés entre S et S' seront toujours entre s et s'. On aura donc au foyer une image de l'objet, renversée dans le cas de la lentille convergente et droite dans le cas de la lentille divergente.

154. Parlons d'abord de la lentille convergente. Si on place en ss' un verre dépoli, un carton, on pourra y voir l'image de l'objet. On peut même l'y apercevoir à la vue simple en se fixant convenablement. Si l'objet était à une distance très grande, l'image ss' serait presque au foyer principal. A mesure que l'objet s'approchera, l'image s'éloignera du foyer principal. Quand la distance à la lentille sera double de la distance focale, l'image égalera en grandeur l'objet (*fig.* 75). Avant elle était moindre que lui; si l'objet approche toujours du foyer, l'image s'éloigne en grandissant; enfin si l'objet est foyer, l'image est à une distance

infinie et infiniment grande (*fig.* 76). Si
l'objet approche encore de la lentille, l'i-
mage passe du côté opposé, c'est à dire du
même côté que l'objet, et la même construction géométrique détermine sa position
(*fig.* 77). Elle est droite, plus grande que
l'objet, elle se rapproche de la lentille en
rapetissant à mesure que l'objet avance de
la lentille. Enfin l'image et l'objet coïncident
quand celui-ci arrive sur la surface du miroir. Toutes ces indications théoriques sont
d'accord avec l'expérience. Il faut seulement
observer que dans le cas où l'image est du
côté de la lentille où se trouve l'observateur, il ne la juge pas en cet endroit, il la
suppose du côté de l'objet et selon que son
entendement est affecté par tels et tels mo-
tifs, il la croit plus près ou plus loin que
l'objet.

Faisons varier la position de l'œil, l'objet étant fixe, supposons d'abord qu'on
voie l'image renversée très claire. Si on s'é-
loigne, elle deviendra plus petite et plus
difficile à saisir. Mais en s'approchant, elle
vous parait trouble et confuse, et augmente
de grandeur. Au foyer elle est confuse et

indistincte. Si on s'approche davantage du verre, elle reparaît droite et d'abord fort trouble et devient passablement visible quand l'œil est sur le verre, surtout si on rétrécit la pupille en regardant à travers un petit trou. Dans toutes les positions de l'œil, la plus ou moins grande clarté de l'image, dépend de la quantité de rayons que reçoit l'œil, et de leur plus ou moins grande convergence ou divergence. Remarquons que l'image est droite, lorsque ces rayons ne se croisent pas avant d'arriver à l'œil.

155. Parlons de la lentille divergente (*fig.*74). Elle donne une image droite rapetissée et rapprochée. Cependant, le jugement qu'on porte sur la grandeur et la distance peut être modifié par les circonstances. Si on fait abstraction des objets environnans, on croit l'image plus éloignée, plus grande, et cela parcequ'on la voit sous un angle visuel plus petit. Ce fait est vérifié en mettant une lentille divergente à l'extrémité d'un tube, et regardant à travers par l'autre extrémité. Les objets paraissent alors très éloignés.

Toutes les indications de la théorie des

lentilles divergentes sont confirmées par
l'expérience. On en trouve d'analogues
celles dont il est parlé n° 153 au sujet des
lentilles convergentes. Nous n'en parlerons
pas. Nous observerons seulement que quand
l'objet est extrêmement près de la lentille,
il faut qu'il soit très petit et vis-à-vis du
centre de la lentille, pour que les rayons
qui en émanent, soient perpendiculaires
aux surfaces réfringentes et ne sortent pas
des limites d'incidence et d'émergence.

156. *Usages des lentilles pour corriger
les vues longues et courtes.* Les vues longues
sont celles des *presbytes.* Ce défaut leur
vient d'une espèce d'aplatissement dans le
globe de l'œil. C'est toujours la suite de l'âge
ou d'une maladie qui dessèche les humeurs.
Les presbytes ne voient bien distinctement
les objets éloignés, que parceque ceux-ci
envoient des rayons peu convergens, qui
dans l'œil ont un foyer plus rapproché du
cristallin. Celui-ci, comme il a été dit, joue le
rôle d'une lentille convergente dans l'orga-
nisation de l'œil. Les rayons lumineux qui
viennent d'un objet et qui pénètrent dans
l'œil d'un presbyte, ne sont plus assez ré-

fractés et ne se croisent en général qu'au-delà de la rétine. Or, une lentille convexe est très propre à remédier à ce défaut parce-qu'elle augmente la convergence des rayons, et peut ainsi ramener leur foyer sur cette tunique.

Au contraire l'œil d'un myope, ne voit ordinairement que les objets près de lui. Il paraît que les parties qui le constituent ont plus de convexité que dans l'œil ordinaire. Alors les rayons réfractés dans le cristallin auront un court foyer et se croiseront avant de parvenir à la rétine. Or, plus l'objet sera près de l'œil, plus ce foyer s'éloignera. On conçoit alors que le myope doit mieux voir les objets qui sont près de lui, que ceux qui en sont éloignés. Au reste, un verre concave des deux côtés ou un verre divergent peut corriger ce défaut naturel.

Les personnes qui ne sont ni presbytes, ni myopes voient distinctement les détails des objets à une distance de deux cent dix à deux cent soixante millimètres, ou de huit à dix pouces. Ce n'est pas que la faculté de voir n'ait lieu qu'à cette distance, car on sait que l'œil est doué d'une flexibilité qui lui permet de s'accommoder aux distances des objets jusqu'à certaines limites, au-delà desquelles les images sont troubles et la vision très imparfaite.

157. *Loupes et microscopes simples.* **On** appelle loupe ou microscope simple, une lentille destinée à grossir les images des objets pour en mieux apercevoir les détails. On place l'œil près de la lentille et on met l'objet au-delà de la distance focale et assez loin pour que son image soit rejetée à la distance à laquelle s'opère naturellement la vision parfaite. On la verra sous un angle beaucoup plus grand, ce qui produira son grossissement. Les horlogers, les mécaniciens se servent en général de loupes, pour travailler avec beaucoup de soins sur les petits objets. Les larges loupes peuvent être utiles à l'étude des cartes de géographie. Les vieillards en font quelquefois usage pour lire, mais outre qu'elles ne rendent bien net que les objets vus par le centre, elles fatiguent extrêmement la vue, ce qui rend leur usage dangereux. On a des loupes qui grossissent jusqu'à cinquante et cent fois, mais avec un seul verre on ne peut guère aller

au-delà. Une même loupe grossira plus.
pour une vue longue que pour une vue
courte.

On peut faire un microscope en perçant
avec une épingle, un petit trou circulaire,
dans une plaque mince de métal, et y introduisant une goutte d'eau, ou bien en déposant sur une lame de verre, des gouttes
d'un vernis transparent, qui par l'attraction de leurs parties deviennent sphériques;
ou bien encore en déposant de petits fragmens de verre sur des trous percés dans
une feuille mince de platine, et fondant ensuite ces fragmens avec un trait de feu
soufflé par un chalumeau. Il est toujours
nécessaire que l'épaisseur et l'ouverture de
la lentille soient petites par rapport aux
rayons de leur surface, pour que les rayons
parallèles qu'elles réfractent se réunissent
sensiblement en un seul foyer.

158. *Microscopes composés.* Dans tout
instrument d'optique composé de plusieurs
verres, celui qui est tourné vers l'objet,
s'appelle *objectif*, et celui qui est tourné
vers l'œil *oculaire.* Pour augmenter l'effet
d'un microscope simple, on combine en-

semble plusieurs verres convexes, ce qui
constitue le microscope composé. L'objectif est toujours une petite lentille d'un foyer
très court. L'oculaire est formé de deux
verres, ou de cinq. L'objectif n'est qu'un
microscope simple qui grossit beaucoup l'i-
mage, celle-ci est transmise par une seconde
loupe, qui l'amplifie et la grossit encore davantage. L'objectif et l'oculaire sont fixés à
l'extrémité d'un tuyau à lunette, mais de
telle sorte, qu'on peut augmenter ou diminuer leur distance. L'instrument est soutenu
par un pied avec une vis de rappel, qui
permet de faire varier la distance à l'objet. (*Voyez pour plus de détails le précis élémentaire de Biot*, t. II.)

Nous avons vu que lorsque l'objectif est
trop grand, les rayons réfractés ne se réunissent pas au même foyer. Cet inconvénient est appelé *aberration de sphéricité*;
on y remédie en ne se servant que de petits objectifs, en mettant dans le corps de
la lunette un *diaphragme*, percé d'un trou
central circulaire, qui ne laisse passer que
les rayons voisins de l'axe, et en donnant
une teinte noire à l'intérieur du tube. Cette

teinte absorbe les rayons qui viendraient des objets hors de l'axe. Toutes ces précautions sont à prendre, non seulement pour le microscope, mais encore pour toutes les lunettes dioptriques.

Il existe une autre aberration des rayons, dite de *réfrangibilité*. Elle est produite par l'inégale réfrangibilité des rayons. Cette aberration colore les images des objets, mais on y remédie par l'achromatisme dont nous allons parler.

159. *Achromatisme. Lunettes achromatiques*. L'inégale réfrangibilité des rayons solaires produit la dispersion de la lumière. Par conséquent les rayons qui passent à travers une lentille convergente ne peuvent avoir le même foyer principal. Il en existera un particulier pour chaque rayon. Les images vues à travers une telle lentille seront donc colorées. Détruire cette coloration, tel est le but de l'achromatisme. On peut ne produire l'achromatisme parfait, qu'avec deux prismes de même nature et égaux, placés de manière que leurs angles réfringens soient opposés, et que la face, par où entrent les rayons dans le premier prisme,

soit parallèle à celle par où sortent ces mêmes rayons du second prisme (*fig.* 78). Mais dans ce cas le rayon émergent $S'b$ est parallèle au rayon incident Sa, ce qui ne produit aucun avantage de se servir de ce prisme, puisque la direction des rayons n'est pas changée. Alors le véritable problème de l'achromatisme sera de trouver un second prisme de nature différente du premier, qui produise l'effet demandé, sans détruire la réfrangibilité totale des rayons. Cette solution est rigoureusement impossible, parceque la faculté dispersive d'un corps n'est jamais la même pour tous les rayons colorés. Mais on pourra trouver deux substances différentes, qui achromatisent deux espèces de rayons, les rouges et les violets, par exemple.

Une lentille achromatique est composée de deux verres, l'une en partie concave et l'autre bi-convexe. La première est de flint-glass, la seconde de crown-glass, substances qui n'ont pas la même faculté dispersive. Ces verres ont des courbures différentes et sont travaillés de manière à ce qu'après la réfraction, les rayons extrêmes, violet et rouge, se réunissent au même foyer. Quant aux autres rayons, ils ont un foyer peu différent de celui-là. Mais comme ce sont les rayons extrêmes qu'il importe le plus d'achromatiser, parceque eux seuls colorent ordinairement les images vues par des lentilles, on aura résolu le problème avec une très grande approximation.

La *fig.* 79 offre un exemple d'une lentille achromatique. AB est une lentille bi-convexe et CD une lentille bi-concave. Le rayon SM dirigé suivant l'axe commun de ces lentilles continue la route MN en ligne droite. Mais le rayon So se réfracte en O; OV est le rayon violet extrême et OR le rayon rouge extrême. Le premier par diverses réfractions suit la route VV', V'V'', V''O'; et les lentilles sont travaillées de manière que les rayons OR suivent les routes RR', R'R'', R''O'.

Tout microscope ou lunette quelconque dont les verres seront achromatisés d'une manière quelconque, doit faire voir les objets sans coloration.

159. *Télescopes dioptriques.* Qu'on agrandisse l'objectif du microscope; qu'on

éloigne l'objet; on aura un télescope dioptrique. Celui-ci est composé de deux, de
trois ou d'un plus grand nombre de verres
qui pourront être achromatiques.

La lunette astronomique est le plus simple des télescopes. Elle ne contient comme
le miscroscope que deux verres, un oculaire
et un objectif. La *fig*. 80 donne une idée de
cette lunette. Mais elle a l'inconvénient de
renverser les objets, ce qui fait borner son
usage aux observatoires astronomiques.

La lunette terrestre n'est autre chose
qu'une lunette astronomique, dans laquelle
l'oculaire est formé de quatre verres. Les
deux premiers et les plus voisins de l'objectif redressent l'image ; les deux derniers
situés vers l'œil complètent l'achromatisme
des bords.

La lorgnette ou lunette de spectacle a un
oculaire formé d'un verre concave et convexe,
cette disposition fait voir les objets droits.

161. *Télescopes catoptriques et catadioptriques.* On peut faire des télescopes
avec des miroirs concaves et convexes ar-
rangés de manière à donner par réflexion

les images qu'ont peu regarder avec un oculaire simple ou composé. On ne fait plus de microscopes catadioptriques. Le plus simple des télescopes de ce genre est représenté (*fig.* 81); il faut que le miroir concave soit très grand pour voir une image bien distincte, car l'observateur est interposé entre l'objet et le miroir, et arrête une portion des rayons incidens. Mais si on dirige l'axe de l'instrument un peu obliquement vers l'objet, l'image se formera hors de l'axe et on pourra se placer de manière à ce que le sommet de la tête seulement entre dans le trajet des rayons, alors la perte de lumière sera fort petite surtout si le miroir est un peu grand.

La *fig.* 82 représente le *télescope de Newton.* C'est une modification de la construction précédente. L'image de l'objet réfléchie par le miroir concave est reçue par un miroir plan incliné à l'axe de l'instrument d'un demi-angle droit, et par ce moyen, envoyée sur une lentille dont l'axe est perpendiculaire à l'axe de la lunette. On évite ainsi l'interposition de la tête entre l'objet et le miroir concave, mais on perd beaucoup de lumière par la réflexion de l'image sur le second miroir. De plus l'observateur a l'inconvénient d'être placé à côté du télescope, ce qui est assez incommode pour chercher les astres dans le ciel.

La *fig.* 83 représente la modification apportée au télescope par *Gregory*. Les rayons réfléchis sur le grand miroir sont renvoyés sur un petit miroir concave qui les réunit tous au centre du grand miroir. Ce centre est percé d'un trou circulaire où est adapté l'oculaire.

Cassegrain a substité un petit miroir convexe au petit miroir concave de Gregory. Ainsi les aberrations de sphéricité produites par les deux miroirs se composent mutuellement. Dans les deux dernières constructions l'observateur reçoit les rayons comme s'il venaient directement à lui. Ici comme dans les lunettes dioptriques, on noircit l'intérieur de l'instrument et on met un diaphragme dans le tuyau qui doit être assez long pour ne laisser arriver à la surface des miroirs que des rayons presque perpendiculaires. L'oculaire est le plus souvent achromatique, quoique dans les figures ci-dessus on l'ait fait simple.

162. *Micromètre de Rochon.* C'est un instrument destiné à mesurer de petits angles. Il est formé d'un prisme double de spath d'Islande ou de cristal de roche, qui donne deux images des objets. Ce prisme est placé dans une lunette où il peut se mouvoir. Alors, suivant le plan qu'il occupe, ces deux images sont plus ou moins écartées, se touchent ou même coïncident exactement. Pour mesurer le mouvement du prisme on a calculé une échelle qui est adaptée sur la lunette et qui fait connaître la distance de l'objet par sa grandeur, et réciproquement sa grandeur par sa distance, enfin l'une et l'autre au moyen de deux stations. Cet instrument est très utile à l'astronomie et à la physique.

183. *Mégascope.* On a vu, *première partie,* combien il était utile pour les expériences d'adapter une lentille au volet de la chambre obscure. Mais les images des objets extérieurs sont toujours renversées. On peut les redresser par la combinaison de

plusieurs verres. On fait des chambres obscures portatives : ordinairement les images
s'y peignent sur des verres dépolis.

Le mégascope est une modification de
la chambre obscure. Mais au lieu de faire
voir les objets éloignés, il donne l'image
d'un objet placé à peu de distance au dehors
de la chambre, et fortement éclairé par la
lumière du soleil, réfléchie par des miroirs.
L'éloignement et la grandeur de l'image
dépendront de la grandeur focale de l'objectif et de la distance à laquelle l'objet aura
été placé. Ainsi plus l'objet sera près du
foyer principal, plus son image extérieure
sera grande. Elle sera renversée, mais on
peut la faire paraître droite, en renversant
l'objet lui-même.

164. *Microscope solaire.* Si au lieu d'un
objectif d'une grande dimension on met au
volet de la chambre obscure une loupe d'un
court foyer, au-devant de laquelle est fixé
un petit objet, un peu au-delà de la distance
focale principale, on aura un microscope
solaire. On peut produire ainsi une image
intérieure de très grande dimension. Mais

alors il faut que l'objet soit très fortemént éclairé par des miroirs qui réfléchissent sur lui la lumière solaire ; ou encore mieux, on peut diriger sur lui un gros faisceau de rayons solaires, au moyen d'une autre loupe qui la reçoit elle-même d'un héliostat.

165. *Lanterne magique. Fantasmagorie.* La lanterne magique inventée par Kircher, n'est qu'un mégascope portatif ou des objets transparens reçoivent la lumière d'une ou plusieurs lampes. Cet instrument quoique commun et très joli et très curieux.

La fantasmagorie est une modification de la lanterne magique. Dans celle-ci, le spectateur voit l'appareil; tandis que dans la fantasmagorie les images se peignent sur une toile gommée et l'appareil est derrière. Il est monté sur des roulettes garnies de draps pour éviter le bruit. La lentille extérieure se meut par une crémallière et une manivelle. Alors si l'image est petite, on l'agrandit en éloignant tout l'appareil de la toile; mais en même temps il faut rapprocher la lentille mobile des autres pour ramener le foyer sur la toile et réciproquement

Le maniement de la fantasmagorie demande beaucoup d'exercice et d'habitude, les objets qu'on y peint sont ordinairement effrayans. Les spectateurs étant dans l'obscurité et les voyant grandir et diminuer successivement, croient qu'il s'approchent ou s'éloignent. Ce qui produit un effet très imposant.

166. *Chambre claire* dite *la camera lucida*. La chambre claire a été inventée par Wollaston, c'est un prisme quadrangulaire de verre (*fig.* 84) ABCD dont les deux faces AB et BC font un angle de 135°; la face AD est horizontale, et la face CD verticale. Le rayon Sa arrive sur BC dans une direction assez inclinée pour être réfléchie suivant aa' et ensuite suivant $a'o$; en sorte qu'il paraît venir du point s, situé sur MN. De même le rayon S'b réfléchi suivant bb' et suivant $b'o'$ paraîtra venir de s'. Ces deux rayons partent de l'extrémité de l'objet SS', et il en sera de même de tous les rayons intermédiaires. Alors un œil placé en o verra l'objet SS' projeté sur la surface MN en ss'. Actuellement, si on recule l'œil jusqu'à ce

qu'il n'y ait qu'une portion de la prunelle interceptée par le bord du prisme, dans cette position, si la surface MN est un papier, on pourra avec un crayon suivre les contours de l'image *ss'*, parcequ'on verra en même temps le bout du crayon et l'image projetée sur le papier. Par ce moyen on esquissera l'image de l'objet. On peut même placer une lentille devant le prisme pour aider la vue dans cette opération.

167. *Colorigrade.* Cet instrument sert à reproduire les diverses teintes des couleurs des corps. Ce n'est autre chose que l'appareil inventé pour faire les expériences de polarisation de la lumière, accompagné de lames minces de mica d'épaisseur variable qu'on peut présenter au rayon polarisé dans une direction plus ou moins inclinée. Ces lames minces partagent le rayon polarisé en deux faisceaux colorés, et produisent ainsi les teintes qui correspondent aux séries des anneaux de Newton. (*Voyez pour plus de détails les œuvres de Biot.*)

FIN.

Note I. *Sur la double réfraction particulière que présente le cristal de roche, et sur la polarisation circulaire.*

Les expériences de Fresnel sur le cristal de roche l'ont conduit à admettre une polarisation particulière de la lumière, qu'il nomme polarisation *circulaire*. Il la subdivise en polarisation circulaire de gauche à droite, et en polarisation circulaire de droite à gauche. Alors il désigne par le nom de polarisation rectiligne celle qu'Huyghens à remarquée le premier dans la double réfraction du spath d'Islande, et que Malus a reproduite par la simple réflexion sur la surface des corps transparens. Voici comment il rend compte dans l'hypothèse des ondulations de cette nouvelle modification de la lumière. Il suppose, comme il a été dit dans le *chap.* V, *seconde partie*, que les vibrations lumineuses s'exécutent dans le sens même de la surface de l'onde, perpendiculairement à la direction des rayons, et qu'un faisceau polarisé est celui pour lequel ces vibrations ont toujours la même direction, son plan de polarisation étant le plan auquel ces petits mouvemens oscillatoires des molécules éthérées restent constamment perpendiculaires : or, il suit de là que si deux systèmes d'onde, d'égale intensité et polarisés rectangulairement, c'est à dire dont les mouvemens oscillatoires sont perpendiculaires entre eux, diffèrent dans leur marche d'un quart d'ondulations, le mouvement composé qu'ils imprimeront à chaque molécule, au lieu d'être rectiligne, comme dans les deux faisceaux considérés séparément, sera circulaire et s'exécutera avec une vitesse uniforme : les molécules tourneront de droite à gauche, lorsque le système d'ondes en avant aura son plan de polarisation à droite de celui du système d'ondes en arrière d'un quart d'ondulation, et elles tourneront de gauche à droite lorsque le premier plan sera à gauche du second : ou lorsque les deux plans de polarisation restant disposés comme dans le premier cas, la différence de marche sera égale à trois quarts d'ondulation. Il est facile de voir que dans cette rotation générale des molécules autour de leur position d'équilibre, elles n'occupent pas, à cause du mouvement progressif des ondes, au même instant les mêmes points des circonférence qu'elles décrivent. Voici comment nous pourrons nous représenter leurs positions relatives : concevons que celles qui étaient sur une même droite parallèle au rayon, dans l'état d'équilibre soient maintenant situées sur une hélice très étroite, et décrites autour de cette ligne droite comme axe, et dont le pas est égal à la longueur d'une ondulation. Faisons actuellement tourner cette hélice autour de son axe d'un mouvement uniforme, en sorte qu'elle décrive une circonférence pendant que s'exécute une ondulation lumineuse : concevons d'ailleurs que, dans chaque tranche infiniment mince, perpendiculaire au rayon, toutes les molécules exécutent les mêmes mouvemens et conservent les mêmes situations respectives, on aura une idée exacte de la polarisation circulaire dans l'hypothèse des ondulations.

*(Voyez dans les Annales de chimie et de physi-
que, février 1825, l'extrait du Mémoire de Fresnel,
sur la double réfraction particulière que présente
le cristal de roche dans la direction de son axe.)*

NOTE II. *Sur l'élasticité du milieu qui pro-page les ondes lumineuses.*

D'après *Fresnel* les vibrations lumineuses s'exécutent uniquement suivant des directions parallèles à la surface des ondes, et il suffit d'admettre
dans l'éther une résistance assez grande à la compression, pour concevoir l'absence des vibrations
longitudinales. Dans cette hypothèse, la lumière
polarisée sera celle dans laquelle les oscillations
transversales s'exécuteront constamment, suivant
une même direction, et la lumière ordinaire sera la
réunion et la succession rapide d'une infinité de
systèmes d'ondes polarisés dans toutes les directions. L'acte de la polarisation ne crée pas des vibrations transversales, mais les décompose suivant
deux directions rectangulaires constantes, et sépare les deux systèmes d'ondes ainsi produits, soit
seulement par leur différence de vitesse, comme
dans les lames cristallisées, soit aussi par une différence d'inclinaison des ondes et des rayons comme
dans les cristaux taillés en prismes, ou les plaques
épaisses de carbonate de chaux; car partout où il
y a différence de vitesse entre les rayons, la réfraction peut les faire diverger. Enfin le plan de
polarisation est le plan perpendiculairement auquel s'exécutent les vibrations transversales.

Un milieu doué de la double réfraction présen‑
tera, suivant Fresnel, des élasticités différentes
dans les diverses directions. Il entend par élasticité
la force plus ou moins grande, avec laquelle le
déplacement d'une tranche du milieu vibrant, en‑
traîne le déplacement de la tranche suivante. Il
suppose toujours que ces tranches ne se rappro‑
chent ni ne s'écartent les unes des autres, mais
glissent seulement chacune dans leur plan, et d'une
quantité très petite, relativement à la distance
qui sépare deux molécules consécutives de l'éther.

L'hypothèse qu'on vient d'énoncer pourrait être
admise dans le cas même où les vibrations lumi‑
neuses auraient l'éther seul pour véhicule, et où les
molécules des corps diaphanes ne participeraient pas
à ces vibrations; chose qu'on ne sait pas d'ailleurs,
car un arrangement particulier des molécules du
corps transparent, pourrait modifier l'élasticité de
l'éther, c'est à dire la dépendance mutuelle de sa
couche consécutive, de manière qu'elle n'ait pas
la même énergie dans tous les sens. Quoiqu'il en
soit, *Fresnel* appelle *élasticité du milieu*, la dé‑
pendance mutuelle de ses molécules, quelle que
soit la nature de la partie vibrante. Il donne le
nom *d'axes d'élasticité* du milieu, aux directions
suivant lesquelles la molécule vibrante est repous‑
sée dans la direction même de son déplacement,
et il les considère comme les *véritables axes* du
cristal. Car, dit-il, « quand on déplace une molé‑
» cule dans un milieu élastique, la résultante des
» forces qui tendent à la ramener à la première
» position, n'est pas généralement parallèle à la
» direction, suivant laquelle elle a été déplacée: il

» faut pour cela que les résultantes des forces qui
» poussent cette molécule de droite et de gauche
» aient la même intensité. » Il démontre que lorsqu'un système quelconque de points matériels est
en équilibre, il y a toujours, pour chacun d'eux,
trois axes rectangulaires d'élasticité et en supposant que ces axes sont parallèles dans toute l'étendue du milieu et que les petits déplacemens des
molécules n'éprouvent pas la même résistance suivant ces trois directions rectangulaires, on pourra
représenter toutes les propriétés optiques des cristaux à un axe ou à deux axes.

(*Voyez le mémoire de Fresnel sur la double
réfraction, Annales de chimie et de physique.*
Mars 1825.)

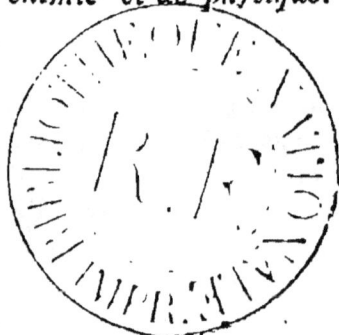

TABLE.

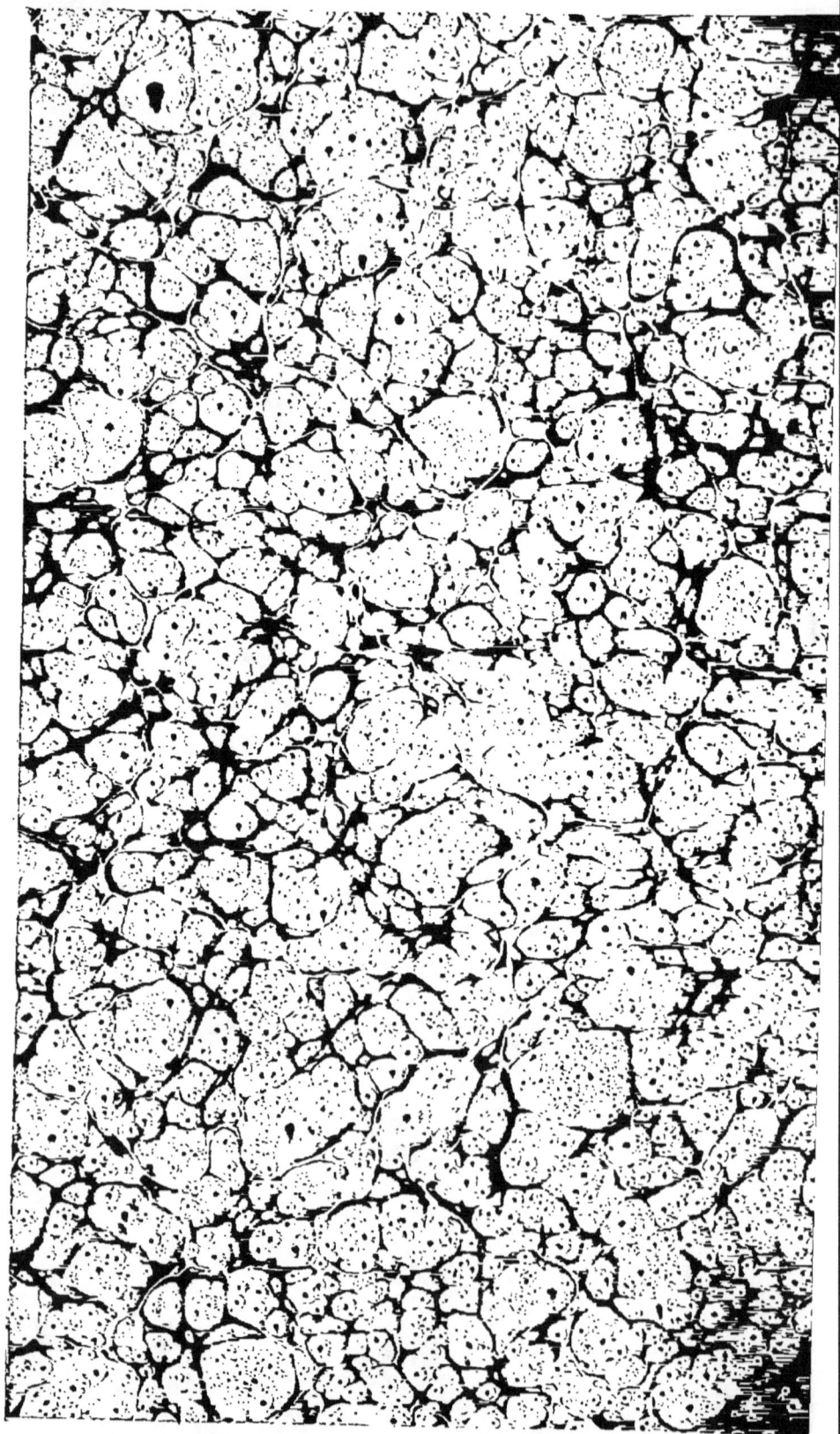

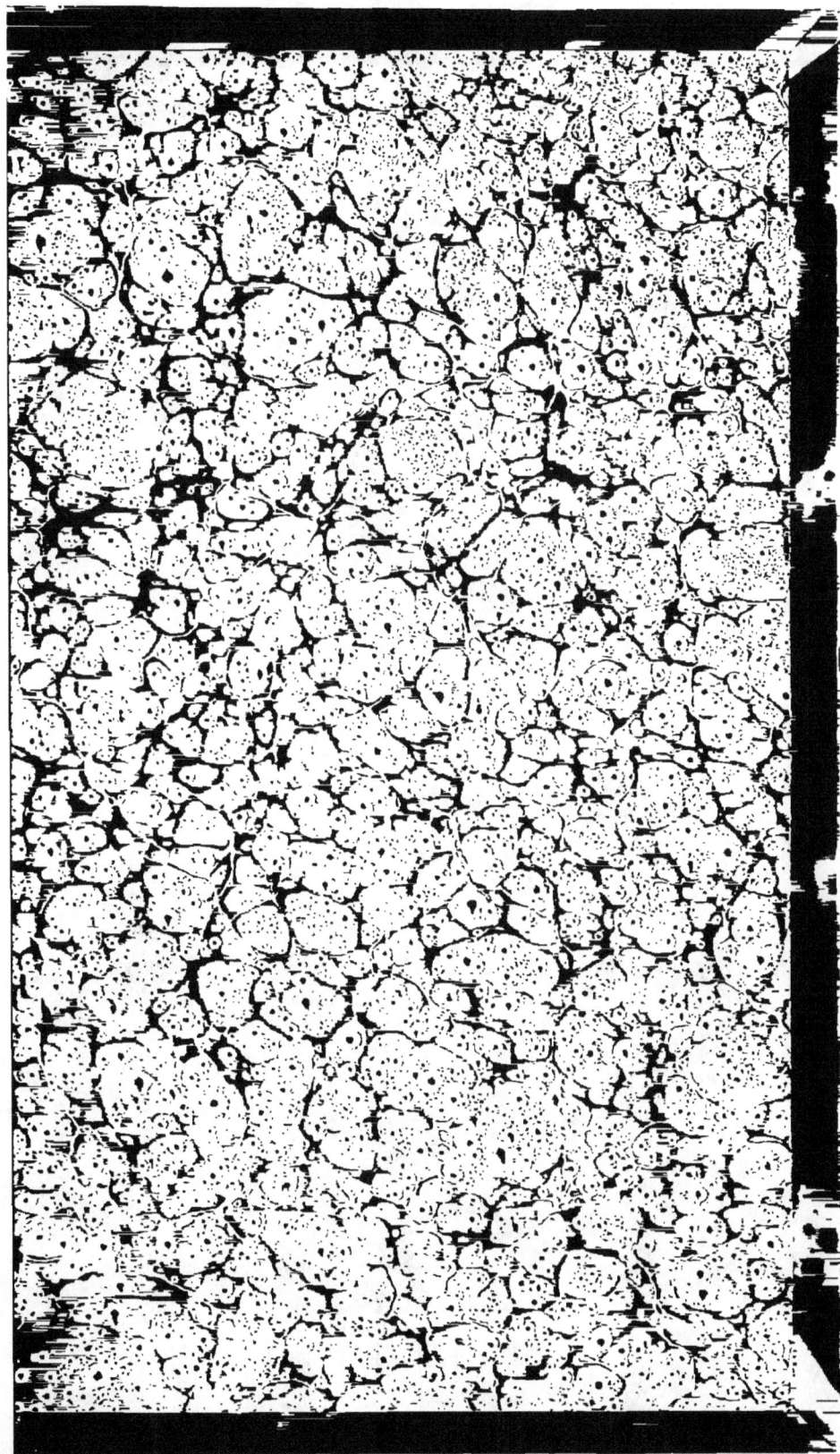

www.ingramcontent.com/pod-product-compliance
Lightning Source LLC
Chambersburg PA
CBHW070232200326
41518CB00010B/1528